생태문명

우리의 미래, 지구의 생명

생태문명

우리의 미래, 지구의 생명

이창호
탄소중화문화대사(CICEC)

북그루

Preface

　전 세계적으로 지구촌을 휘감고 있는 기후변화의 폭염과 이상고온 현상이 지속되며, 기후변화에 대한 관심이 집중되고 있는 가운데 국내외 기후변화 대응에 관한 움직임이 심상치 않다.

　인류문명의 발달과 함께 인구의 증가는 수많은 산림, 초원, 습지를 농경지와 마을로 바꾸게 되어, 자연이 제공하던 인간의 생존에 필요한 혜택을 더 이상 얻을 수 없게 되었다. 더욱이 인간의 생산 활동으로 생기는 각종 공해와 폐기물로 인하여 환경이 오염되고 파괴되어 원래의 상태로 되돌릴 수 없는 지경에 이르렀다.

　뿐만아니라 석탄과 석유와 같은 화석 에너지의 지속적인 개발과 사용으로 인하여 대기 중 온실 가스의 비율이 증가하고 기후 변화가 심화되었다. 기후 변화가 가져온 이상기후로 인류는 폭염, 폭설, 폭우, 태풍으로 심각한 지구환경 파괴가 발생하고 있다. 이로 인하여 인류의 숙제는 어떻게 하면 화석 에너지의 사용을 줄이고 공해 발생이 없는 청정 에너지를 개발하고 사용할 것인가가 전 세계가 시급하게 해결해야 할 숙제가 되었다.

　이러한 문제를 해결하기 위해서 인류의 문명을 지속시키기 위하여 생태문명으로의 전환을 요구받고 있다. 생태문명(生態文明)은 '생태(生態)'와 '문명(文明)'의 합성어로 두 가지 측면의 의미를 포함하고 있다. 생태(生態)는 생물이 자연계에서 생활하고 있는 모습 혹은 생명체 간, 생명체와 환경 간의 상호관계와 상호의존성을 뜻한다. 문명(文明)은 인류가 이룩한 물질적, 기술적, 사회 구조적인 발전. 자연 그대로의 원시적 생활에 상대하여 발전되고 세련된 삶의 형태를 뜻한다. 즉 문명은 인류가 자연적, 사회적 환경을 정복하고 변형시키는 과정에서 획득한 정신적, 제도적, 물질적 속성이라고도 할 수 있다.

결국 생태문명의 출현은 기후위기와 대량멸종, 생태적 불평등을 야기한 산업문명의 사상적 기반인 인간중심주의에서 벗어나 생명중심주의 문명을 만들려는 의도에서 출발하게 되었다. 지금까지 산업문명을 통해 인간은 기술의 발전과 물질적 성취를 이루었음에도 불구하고 근본적으로 잘못된 전제 위에서 다분히 이기적인 역사들을 완성해 왔다.

기후위기와 환경오염이라는 '생태적 한계'의 경고등은 이미 밝혀진 지 오래고 그러한 경고를 통해 인간은 자연스럽게 '인류 문명의 종말'이라는 미래를 전망하게 되었다. 더욱이 코로나19 바이러스의 창궐이라는 팬데믹을 통해 더 이상 기존의 낡은 문명 시스템이 유효하지 않음을 절실히 깨닫게 되었다.

이러한 시점의 생태문명의 세계관은 '생명중심주의', '지구중심주의'이다. 산업문명이 인간중심주의라고 한다면 생태문명은 인간의 생명만이 아니라 생태계의 모든 생명, 더 나아가 지구 구성원들의 관계망인 지구질서를 소중하게 여기는 문명인 것이다.

생태문명의로의 전환은 현재의 기후위기로 인한 생태계 파괴와 생물다양성 감소문제, 미세먼지 같은 기후환경 문제를 해결하는 유일한 방법이다. 따라서 전 인류는 시급히 생태문명으로의 전환을 해야 한다.

이 책은 생태문명으로의 전환을 위하여 생태문명의 정의와 역사, 필요성을 들고 있으며, 새롭게 뜨고 있는 ESG에 대한 대비, 국제 생태환경의 실태와 정책을 다루고 있으며, 지속가능한 발전과 살아 있는 생태지구를 건설하기 위한 해법을 제시하고 있다. 부디 이 책으로 인하여 생태문명으로의 전환에 도움이 되길 바란다.

이창호 지음

Contents

1장
생태문명은 왜 희망인가?

생태문명이란 무엇인가

생태문명(生態文明)은 새롭게 만들어진 용어이기 때문에 보편적으로 인정되는 정의는 아직 없다. 생태문명이라는 용어는 중국 공산당 제17차 전국대표대회 보고서에서 중국이 앞으로 추진하는 풍요로운 사회 건설의 목표 중 하나로 온 사회가 생태문명 개념을 확고히 확립할 것을 요구하고 있다.

생태문명(生態文明)은 '생태(生態)'와 '문명(文明)'의 합성어로, 두 가지 측면의 의미를 포함하고 있다. 생태(生態)는 생물이 자연계에서 생활하고 있는 모습 혹은 생명체 간, 생명체와 환경 간의 상호관계와 상호의존성을 뜻한다. 문명(文明)은 인류가 이룩한 물질적, 기술적, 사회 구조적인 발전. 자연 그대로의 원시적 생활에 상대하여 발전되고 세련된 삶의 형태를 뜻한다. 즉 문명은 인류가 자연적, 사회적 환경을 정복하고 변형시키는 과정에서 획득한 정신적, 제도적, 물질적 속성이라고도 할 수 있다.

생태문명(生態文明)이란 단어가 처음 등장한 것은 1984년 구소련 환경운동가가 모스크바 대학의 과학 공산주의 저널 2호에서 "성숙한 사회주의 조건에서 개인 생태 문명을 육성하는 방법"이란 기사에서부터 시작한다. 여기에서는 생태문명에 대한 정확한 정의를 내리지 않았기 때문에 생태문명이 생태적인 지위, 문명의 정도, 생태 보호, 생태 환경 공학의 건설을 강조하는 것으로 이해하였다.

1986년 제2회 중국(상해) 생태경제과학심포지엄에서 중난경제법률대학 경제학부 교수인 류시화(刘思华; Liu Sihua) 교수는 처음으로 "현대문명은 물질문명, 정신문명 및 생태문명의 내부 통합"이라고 하여 '사회주의 생태문명'이라는 새로운 개념을 제시하고, 생태문명 건설에 관한 이론 연구에 꾸준히 매진해 왔다.

처음으로 생태문명에 대한 정의를 내린 것은 1987년 중국의 저명한 농생태학자인 예첸지(叶谦吉; Ye Qianji) 교수가 생태문명을 "인간은 자연으로부터 이익을 얻으면서, 자연을 보호·변형시키며 인간과 자연의 조화롭고 통일된 관계를 유지하는 것"이라고 정의하였다. 인간이 자연과 조화롭고 통일된 관계를 유지하기 위해서는 생태학과 생태철학의 관점에서 생태문명을 바라보아야 한다고 하였다.

1997년에는 중국 과학 기술 출판사는 「생태 문명과 중국의 지속 가능한 발전에 대한 견해」를 출판하면서 "생태 문명은 농업 문명과 산업 문명에 이은 사회 문명의 진보된 형태"라고 설명하였다.

2000년에는 왕루송 교수는 「현대생태농업」 창간호에 "생태문명을 향한 생태혁명"이라는 글을 발표하고, 생태와 그 응용에 대한 심도 있는 연구를 수행하고 많은 과학적 견해를 제시했다. 이후 여러 서적에서 생태문명에 대해서 거론되었다.

2012년 7월 23일 중국 공산당 총서기 후진타오(胡錦濤)는 세미나 개회사에서 다음과 같이 지적했다. "생태문명 건설을 추진하는 것은 근본적 변화를 수반하는 전략적 과제 생산 방법과 생활 방식에서 생태 문명 건설의 개념, 원칙, 목표 등을 통합해야 한다. 중국 경제, 정치, 문화, 사회 건설의 모든 측면과 전 과정을 깊이 통합하고 전면적으로 실행, 준수 자원을 절약하고 환경을 보호한다는 기본 국가 정책에 따라 녹색 개발, 순환 개발 및 저탄소 개발을 추진하여 사람들이 환경에 좋은 생산과 삶을 창조하도록 노력해야 한다. 이를 위해 우리는 아이디어를 혁신하고 생태 환경에 대한 문명화된 태도를 취하고 야만적인 생산에 반대하며 자원의 광범위한 사용에 반대하고 생태 환경을 파괴하고 가능한 한 적은 자원 및 환경 비용으로 지속 가능한 경제, 사회 발전을 달성해야 한다. 전통문화의 계승과 현대문화의 발전을 유기적으로 결합해야만 우리나라의 생태문명 수준을 높일 수 있다.

　지금까지 거론된 생태문명의 정의를 종합해보면 생태문명은 "인간은 자연으로부터 이익을 얻으면서, 자연을 보호·변형시키며 인간과 자연의 조화롭고 통일된 관계를 유지하는 삶의 형태"라고 할 수 있다.

　생태문명은 좁은 의미와 넓은 의미로 나누어 볼 수 있다. 좁은 의미의 생태문명의 의미는 "인간과 자연의 관계를 개선하고, 자연을 문명화하고 합리적으로 대하며 자원의 광범한 사용을 반대하며 생태환경을 건설하고 보호하는 것을 의미한다. 넓은 의미의 생태문명의 정의는 문화적 가치 측면에서 자연법칙에 부합하는 가치 요구 사항, 규범 및 목표를 설정하고 생태 인식, 생태 윤리와 도덕 및 생태 문화를 추구하는 것이며, 사회구조적 측면에서 생태화는 사회조직과 사회구조의 모든 측면에 침투하여 인간과 자연의 선순환을 추구하는 것을 의미한다.

생태문명의 등장 배경

생태문명은 문화적 관점에서 볼 때 모든 문명의 존재와 구성은 자연 환경과 사람이 만든 사회적 환경 간의 상호 작용의 결과로 보는 관점이다. 인간이 자연을 이용하고 자연을 변형시키는 방식의 차이에 의해서 문화적인 특성이 다양하게 유지되면서 문명이 발전하였다.

산업혁명 이전의 농업문명 시대의 사람들은 자연에 대한 경외심을 가지고, 자연을 활용하여 농사를 지면서 자연에 적응하면서 살았다. 그러나 산업혁명 이후부터는 인간은 마치 자연의 정복자처럼 생각하면서 자연을 무분별하게 개발하면서 전례 없는 규모로 자연을 착취하여 막대한 부를 창출했다.

이로 인해 인간과 자연의 관계에 심각한 불균형을 초래하게 되었다. 결국 산업혁명 이후 인류는 과도한 산업문명의 발달로 인하여 인류가 의존해 오던 자연환경을 심각하게 파괴했을 뿐만 아니라, 인류 자신의 사회 환경에도 나쁜 영향을 미치고 있다.

특히 1970년대와 1980년대에는 서구의 산업화가 최고조에 달하며, 물질적으로는 풍요로운 삶을 살게 되었지만 그로 인해 야기된 문제가 심각해지면서 인류는 인구 폭발과 함께 식량 부족, 자원 부족, 환경오염, 기후 변화현상 등과 같은 자연이 주는 재앙을 경험하게 되는데 이는 인간과 자연 사이의 모순이 심화되고 있다는 징후라고 할 수 있다.

결국 산업문명으로 인하여 인류는 인간이 만든 사회적 생산방식은 생태환경의 악화를 가져왔고, 더 이상 이대로 산업문명을 유지하면 인류가 더 큰 재앙을 맞이할 것이라는 징후가 나타남에 따라 문명의 변화가 필요하다는 사실에 직면하게 되었다. 서구에서는 일찍부터 생태나 환경적인 문제를 해결하기 위한 과학자들의 노력과 시민운동가들의 노력이 있어 왔다.

이러한 시대적인 위기의식에서 의해서 출발한 것이 생태문명이다. '생태문명'이라는 개념은 기후위기를 야기한 산업문명의 사상적 기반인 인간중심주의를 돌아보고 다시금 생각하는 과정에서 등장했다. 그동안 우리의 산업문명은 인간과 비인간, 정신과 물질, 과학과 자연의 이분법을 들어 인간의 행복을 위해서는 생태계를 파괴하고 자연에서 착취하는 것을 당연시했다.

게다가 산업문명을 통해 인간은 기술의 발전과 물질적인 풍요를 이루었음에도, 자연에 대한 고마움을 잊고, 인간만을 생각하는 이기적인 삶을 살아왔다. 지구는 인간에게 무한정 아낌없이 퍼주는 화수분도 아니며 인간만이 사용하고 소비할 전유물도 아니었다는 것을 잊고 있었던 것이다.

지금까지 인간은 지구를 무리하게 사용함으로 인해 기후위기와 환경오염이라는 생태적 한계의 경고등이 켜진 지 오래되었고, 이러한 경고를 통해 인간은 자연스럽게 '인류 문명의 종말'이라는 미래를 전망할 수 있게 되었다. 더욱 코로나19 바이러스의 창궐이라는 팬데믹을 통해 더 이상 기존의 산업문명을 탈피하여 생태문명으로의 전환을 요구하고 있다.

인류가 지속 가능한 발전을 위해서는 불가피하게 선택해야 하는 문명인 것이다. 생태문명은 인간의 과학 기술의 발달을 배제하지 않으면서, 자연생태계를 보호하고, 개발하면서도 조화를 추구하는 새로운 문명이다.이러한 생태문명은 인간과 자연 사이의 긴장과 대립을 효과적으로 완화하여 인류가 지속적으로 생존하고 번성할 수 있도록 해줄 것으로 기대하고 있다.

생태문명은 지금까지의 생산방식을 버리고 자연 친화적 생산방식으로 바꾸기 때문에 인류의 사회생활, 정치생활, 정신생활 전반에 영향을 미치게 될 것이다. 결국 생태문명은 산업문명에 의해 야기된 인간과 자연 사이의 긴장을 다루기 위해 현대 생태학적 개념을 사용하는 것이다. 생태문명은 산업문명 이후의 새로운 형태의 인간문명으로 자리를 잡게 될 것이다.

생태문명의 역사

1970년대와 1980년대에는 세계적으로 각종 문제가 심화되고, 오일쇼크로 인한 에너지 위기가 찾아옴으로 인해서 세계적으로 성장의 한계에 대한 논의가 시작되면서 다양한 환경보호 운동이 등장했다. 이러한 상황에서 1972년 6월 유엔은 스톡홀름에서 제1회 인류와 환경 회의를 개최하여 유명한 '인간 환경 선언'을 논의하고 통과시켜 전 인류의 환경보호에의 동참을 호소하였다. 그리고 일련의 지구 환경 문제에 대한 토론을 통해 합의에 도달함에 따라 환경보호가 지속가능한 사업으로 정착되었다.

1983년 11월 유엔은 세계환경개발위원회(World Commission on Environment and Development)를 설립했으며, 1987년 위원회는

「우리 공동의 미래(Our Common Future)」라는 보고서에서 환경보호를 지속 가능한 개발 모델로 공식 제안하였다.

1992년 6월 브라질 리우데자네이루에서 국제연합환경개발회의를 열어 세계 185개국 대표단과 114개국 정상 및 정부 수반들이 참석하여 '의제 21'을 채택하였다. '의제 21'은 환경과 개발의 조화를 추구하는 기본 강령과 이후 국제환경 협약의 철학적 기본 지침이 되는 27개 원칙 조항으로 되어 있는 21세기를 향한 환경보전 실천계획 또는 행동계획 수립의 지침서라고 할 수 있다. 리우선언은 환경의 보전 및 관리가 국제 질서 문제로 새롭게 등장하고 있다는 것을 알 수 있다. 모든 국가들은 개발의 양과 속도뿐만 아니라 지속 가능성에도 주의를 기울이면서 경제 성장을 촉진할 것을 촉구했다. 그 이후로 지속 가능한 발전은 점차 모든 국가가 합의하도록 되었다.

2002년 남아프리카 공화국에서 열린 지속 가능한 개발 회의에서는 경제, 사회 및 생태 환경을 지속 가능한 개발의 3가지 핵심으로 정하고 물, 건강, 에너지, 농업 및 생물 다양성을 지속 가능한 개발 전략의 우선 순위로 정했다.

2007년 11월 8일 개최된 중국 공산당 제18차 전국대표대회에서 당시 후진타오(胡錦濤) 중국국가주석에 의해 환경정책의 키워드로 생태문명을 정했다. 이는 중국은 개혁개방 이후 세계 최대의 개발

도상국으로서 투자와 물질 투입 증가에 의존하는 경제 성장 방식을 오랫동안 시행하였기 때문에 막대한 자원과 에너지의 소비와 낭비를 초래했으며, 동시에 중국의 생태환경은 매우 심각한 문제에 직면해 있었기 때문이다.

2010년 10월 15일부터 18일까지 중국 공산당 17기 5중전회가 베이징에서 열렸다. 당과 정부도 생태환경의 중요성을 인식하고 있었기 때문에 '녹색 저탄소 발전의 이념 확립'을 분명히 촉구했다. 이로 인해 녹색 건물 촉진, 녹색 건설, 녹색 경제 발전, 녹색 광업 발전, 녹색 소비 모델 촉진 및 녹색 정부 조달 촉진 등과 같은 녹색 개발을 12차 5개년 계획에 명확하게 기록하였다.

2011년 11월에는 중국 생태문명 연구진흥회는 시범사업을 통해 생태문명 연구를 발전시키고 생태문명 도시 건설 경험을 탐구하기 위해 설립되었다.

2012년 11월 8일 개최된 중국 공산당 제18차 전국대표대회에서 당시 후진타오(胡錦濤) 중국국가주석은 다시 한 번 '생태문명'을 논의하고 이를 보다 높은 전략적 차원으로 끌어올렸다. 보고서에는 "생태문명은 인류를 보호하고 건설하기 위해 이룩한 물질적, 정신적, 제도적 성과의 총합이라고 정의하고 있다. 따라서 경제 건설, 정치 건설, 문화 건설, 사회 건설의 전 과정과 체계 공학의 모든 측면을 관통하는 아름다운 생태 환경은 문명의 상태와 사회의 진보를 반영한다"고 하였다.

2015년 9월 21일 중국 공산당 중앙위원회와 국무원은 '생태문명 체제 개혁을 위한 총체적 계획'을 발표하고 지도 사상, 개념, 원칙, 목표, 이행 보증 및 기타 중요한 사항을 명확히 했다. 생태문명 체제 개혁을 통해 완전한 체제 구축을 가속화할 것을 제안했다. 이로써 중국 생태문명 체제를 완벽하게 개혁하기 위하여 최고 수준의 노력을 기울였다. 계획은 10개 부분과 총 56개 항목으로 나누어져 있으며 생태문명 체제 개혁의 지도 이념은 자원보존과 환경보호를 우선으로 하는 국가기본정책을 수립하였다.

2021년 7월21일 중국 베이징 중국국제문화교류중심(CICEC)에서 '국제탄소중화 30인 포럼' 및 중국 국제문화 교류기금회의 탄소중화 발전기금 출범식이 개최되었다. 이번 포럼에서 이창호 한중교류촉진위원회 위원장은 영상 치사를 통해 "탄소중화 선언을 계기로 중국은 탄소 저감에 능동적으로 대응하고 있으며 인류 생태 문명과 인류 운명공동체를 함께 만드는 데 희망을 걸고 있다."라고 밝혔다.

이날 일본 제93대 내각 총리대신인 하토야마 유키오(鳩山由紀夫)는 영상 축사를 통해 "탄소 배출을 줄이고 '탄소중화'를 실현하는 것이 국제적 컨센서스(consensus)가 됐다"며 "중국의 대국(大國) 담당과 성공적인 실천은 세계 각국이 벤치마킹할 필요가 있다"며 "앞으로 중국은 중요한 국제 '탄소중화' 실무자이자 리더가 될 것"이라고 말했다.

문명의 역사적 진화

문명은 인류 문화가 발전하면서 생긴 산물이며, 인류가 세계를 변화시킨 물질적· 정신적 성취의 결과이다. 인류는 지금까지 원시문명, 농업문명, 산업문명의 3단계를 거쳤으며, 이제는 인류의 발전과 자연의 관계에 대한 깊은 반성을 바탕으로 생태문명의 단계로 접어들고 있다.

원시문명

원시문명은 주로 석기 시대를 말하며, 사람들은 살아남기 위해 씨족이나 부족이 모여서 집단적인 힘에 의존해야 했다. 자연과 공존하며 살았고, 생산 활동은 주로 식량을 채집하고, 동물을 수렵하면서 생존하였다.

농업문명

농업문명은 일반적으로 철기의 등장으로 시작되며, 철기로 농기구와 무기를 만듦으로써 자연을 변화시키는 인간의 능력을 비약적으로 향상시켰다. 농업문명은 자연을 주는 혜택을 최대한 활용하면서 살았고, 생산 활동은 농사와 목축으로 생존하였다.

산업문명

산업문명은 18세기 영국의 산업혁명으로부터 지속된 300년 동안 현대 인류의 삶을 열어주었다. 산업문명은 기계를 사용함으로써 공산품을 대량 생산하게 되고, 인류의 삶을 비약적으로 향상시켰다. 산업문명은 자연을 개발하면서 인간에게 편리하게 만들면서 살았다. 산업문명의 시대는 산업화로 인하여 인류가 자연을 무차별적으로 개발하고, 오염시켰다.

현대에 들어와서는 세계 산업화의 발달로 자연을 개발하는 문화를 극단으로 몰아갔고, 일련의 지구에 생태 위기를 가져오게 하여 지구가 더 이상 산업문명의 지속적인 발전을 지탱할 수 없음을 증명하고 있다.

생태문명

인류의 존속을 위해서는 새로운 형태의 문명을 창조해야 하는데 이것이 바로 생태문명이다. 생태문명은 인간 문명의 한 형태로서 자연의 존중과 유지를 근간으로 하여 인간과 인간, 인간과 자연, 인간과 사회의 조화로운 공존을 지향하고 지속가능한 생산과 소비의 방법을 확립하는 것을 목표로 한다.

원자재에서 제품, 폐기물에 이르기까지 산업문명의 생산 방법은 비순환 생산으로, 생활 방식은 물질주의 원칙에 기초하고 높은 소비를 특징으로 한다. 그러나 생태문명은 자연법칙에 입각한 환경자원의 수용력과 지속 가능한 사회, 경제, 문화정책을 수단으로 하여 환경친화적인 사회를 건설하는 것을 목표로 한다. 경제, 사회, 환경이 상생하는 열쇠는 인간의 주도권에 있다.

생태문명은 인간의 의식과 자기 수양을 중시하며 인간과 자연환경의 상호의존, 상생, 공존과 조화를 중시한다. 자연적 조화의 전제조건인 생태문명은 인간이 전통문명의 형태, 특히 산업문명에 대해 깊이 반성한 결과이며, 인류 문명의 형태와 개념, 경로의 중대한 발전이다.

생태문명은 인간과 자연, 사회의 조화로운 발전이라는 객관적 법칙에 따라 인간이 이룩한 물질적 정신적 성과의 총합을 말하며, 인간과 자연, 인간과 사회의 조화로운 공존, 선순환, 전면적 발전을 말한다. 인간, 인간과 사회 번영의 지속을 기본 목적으로 하는 문화 윤리의 한 형태이다. 오랜 시간 인류사회를 지배해 온 물질문명에 대한 인류의 반성을 바탕으로 하고 있으며 천연물의 유한성은 인류의 물질적 부의 유한성을 결정짓는다.

생태문명의 가치

생태문명은 환경 자원의 수용력을 최대한 고려하여 지속 가능한 사회경제적 정책을 수단으로 하여 인간과 자연이 조화롭게 발전하는 사회를 건설하는 문명이다. 즉 생태문명은 지금의 자연 환경을 보호하고 지키면서 인류 문명을 발달시키자는 문명이다.

생태 문명의 다음과 같은 가치를 가지고 있다.

첫째, 생태문명은 인류의 행복을 위한 긍정적이고 건전한 발전이다.

생태문명은 환경 보호를 목적으로 하나 문명의 침체나 제한은 물론이고 발전을 거부하는 것이 아니라 자원의 생산을 높이는 생산 방식을 도입하고, 인간의 생활양식을 근본적인 변화시켜 인간이 자연에 적응하고 자연을 활용하며 자연을 회복하는 능력을 향상시키자는 것이다.

둘째, 생태문명은 지속 가능한 발전의 문명이다.

생태문명은 인간의 지속 가능성과 자연의 지속 가능성을 동시에 추구한다. 인간은 경제 발전을 위하여 환경을 효율적으로 이용하고, 개발하면서, 지속적으로 자연환경을 복원하고, 고갈되어 가는 자원을 대체해 나가기 때문에 지속 가능한 문명인 것이다.

셋째, 생태문명은 자발적인 문명이다.

원시문명과 농업문명은 인간이 자연을 최소한으로 활용하여 생산하려는 자발적인 의식을 가지고 생존하였던 시기다. 생태문명이 성공적으로 정착하기 위해서는 농업문명에서 가졌던 자발적인 의식을 가지고 인간의 과학기술을 발전시켜 나가야 한다. 자발적인 생태계를 유지 복원하려는 의지와, 환경 보호와 개발하려는 의지가 바탕이 되어야 환경을 보호하기 위한 과학기술의 발전도 도모할 수 있다.

넷째, 생태문명은 생태계를 존중하는 문명이다.

지구상의 자연환경을 이루는 모든 동물, 식물, 물, 토양 등은 지구 생태계 전체의 안정과 균형에 중요한 역할을 하기 때문에 사라지게 하거나 오염되게 해서는 안된다. 그리고 지구상의 모든 생물학적 개체는 본능적으로 자신의 생존을 위하여 활동하며, 자연환경 속에서 서로에게 의존하면서 공존하고 있다. 따라서 인간에게 있어 생태계는 매우 중요한 가치를 가지고 있기 때문에 생태계를 존중해야 한다.

다섯째, 생태문명은 환경적 가치를 높이는 문명이다.

사람은 사회 속에서 살아가지만 인간 사회도 자연 환경의 일부를 구성하고 있다. 인간의 생명은 인간이 살 수 있는 지구, 깨끗한 물, 일정 비율의 다양한 기체로 구성된 공기, 적정 온도, 특정 동식물, 적정한 자외선량 등 인간에게 적합한 자연 조건을 필요로 한다. 이러한 자연조건으로 구성된 생태계는 인간 생활의 환경을 구성한다. 생태문명은 인간이 생존하기 위한 필요조건으로서 환경의 중요성과 가치를 높인다.

여섯째, 생태문명은 자연 환경의 경제적 가치를 높이는 문명이다.

인간과 자연의 관계를 인본주의의 관점에서 볼 때 인간은 주체이고 자연은 인간의 실천과 소비의 대상이다. 이러한 관계에서 자연환경은 인간의 생산에 활용되어 원료로 변형되어 경제적 가치를 가질 때만 가치를 갖는다. 자연환경의 경제적 가치는 사람들이 생활 수단을 획득하고 소비 욕구와 욕구를 충족시킬 수 있게 해주는 반면에 자연 환경을 오염시키거나 파괴하게 된다. 따라서 인간이 자연환경의 경제적 가치를 지속적으로 얻기 위해서 필수적으로 환경보호를 해야 한다.

자연생태계의 보존은 모든 인간을 포함한 자연환경이 존재하기

위한 필요조건이기 때문에, 인간과 자연이 조화롭게 공존하는 생태
문명의 실현은 인류의 염원이며 반드시 추구해야 할 가치이다.

생태문명의 철학

생태문명은 물질문명, 정신문명, 정치문명에 이은 네 번째 문명이라고 보고 있다. 물질문명, 정신문명, 정치문명, 생태문명의 4대 문명은 인류에게 행복하고 자연과 조화로운 사회 건설을 지원해 준다.

물질문명은 조화로운 사회를 위한 견고한 물질적 담보를 제공하고, 정치문명은 조화로운 사회를 위한 좋은 사회환경을 제공하고, 정신문명은 조화로운 사회를 위한 지적 지원을 제공하고, 생태문명은 현대 사회문명 체제의 기초를 제공한다. 그러기 위해서 생태문명은 인간과 자연의 관계를 개선하고 자연을 문명화하고 합리적으로 대하며 자원의 광범한 사용을 반대하며 생태환경을 건설하고 보호하는 것을 요구한다.

생태문명은 생태 철학, 생태 윤리학, 생태 경제학, 생태 현대화학론 등 생태학적 사고의 승화와 발전으로 이루어지며, 인류가 추구해야 할 진정한 가치다. 서구의 전통철학이 인간만이 주체이고 생명과 자연은 인간의 대상이므로 인간만이 가치가 있고 다른 생명과 자연은 가치가 없다고 본다. 그러나 생태 철학은 중국의 전통문화 또는 서구의 지속 가능한 발전을 위하여 생태문명이 인류와 생태가 완전히 통합된 사회적 형태을 추구하는 것이다.

생태 윤리학은 인간 중심주의를 깨고 인간의 필요를 충족시키기 위한 자연을 손상시켜서는 안 되고, 인간이 자연환경을 도덕적으로 보살피는 것을 요구한다. 생태 경제학은 생태계와 경제 시스템을 결합하여 생태계에 비해 경제적 규모가 클수록 지구의 자연을 더욱 오염시키는 것이기에 오염 물질 처리 비용을 제품 비용에 포함하며 경제 정책은 생태를 보호하는 원칙에 의해 설정하는 것을 요구하고 있다. 생태 현대화학은 생태가 주는 이점을 사용하여 현대화 과정을 진행하고, 경제 발전과 환경 보호를 같이 하도록 요구하고 있다.

생태문명은 생태환경의 질적 향상뿐만 아니라 자원을 절약하고 환경을 보호하려는 국민의 의식의 실천 지침이 되는 사회적 분위기의 형성을 요구한다. 따라서 생태문명의 건설은 최소한의 자원과 환경보호 비용으로 경제와 사회 발전을 이룩하려는 인류의 시대적인 사명인 것이다.

생태문명의 세계관은 생명을 중요시하고, 지구 중심의 인간의 발전을 도모하려는 것이다. 생태문명은 인간이 자연을 존중하고 사랑하며 인간의 보다 나은 삶을 영위할 것을 요구하며, 인간은 의식과 자제, 생태학적 개념을 확립하고 행동을 제한해야 한다는 점에서 정신문명과 일치한다. 산업문명이 인간중심주의라고 한다면, 생태문명은 인간의 생명만이 아니라 생태계의 모든 생명, 더 나아가 지구 구성원들의 관계망인 지구 질서를 소중하게 여기는 문명이다.

따라서 생태문명을 위해서는 생태의 중요성을 인식하고, 자연의 권리와 이익을 존중하여 생태적 정의를 달성하고, 인권을 보호하며 사회 정의를 달성하고, 효율적인 생산으로 오염이 적은 경제적 생산 시스템을 구축해야 한다.

생태문명은 인간과 자연과 사회의 조화로운 발전이라는 객관적 법칙에 따라 인간이 얻은 물질적 정신적 성과의 총합을 말한다. 인간과 자연의 조화로운 공존으로 인간은 지속적인 발전을 가능하게 할 수 있으며, 미래 생존을 가능하게 할 수 있다.

생태문명은 인간 문명의 한 형태로서 자연의 존중과 유지에 기초하여 인간과 인간, 인간과 자연, 인간과 사회의 조화로운 공존을 목표로 하며 지속 가능한 경제 발전을 확립하는 것이다. 생태문명은 전통적인 문명 형태였던 산업문명에 대한 인류의 깊은 성찰의 결과이며 인류문명의 형태와 문명발전의 개념, 도로, 모형의 중대한 진보라고 할 수 있다.

중국의 생태문명은 중국몽을 실현하기 위한 필수적인 전제조건으로 보고 있다. 생태문명으로의 전환은 세계에서 생태 세계화를 선두에서 이끌려는 선도 국가의 역할을 수행하려는 중국의 비전이기도 하다.

중국의 생태문명을 보는 시각

중국은 산업문명의 후발자이지만 중국문명의 오랜 역사를 가지고 세계 문명발달에 지대한 공헌을 하였다. 특히 중국이 가지고 있는 정치, 사회제도, 문화철학, 예술은 생태문명에서 추구하고자 하는 가치와 맥을 같이 하는 것을 자랑하고 있다. 이처럼 생태문명을 인식하게 된 이유를 보면 다음과 같다.

유교적 관점

중국의 유교는 옛날 중국 공자의 가르침에서 시작된 도덕 사상. 인(仁) 사상을 바탕으로 나라에 대한 충성과 부모에 대한 효도를 중시하는 사상이다.

유교는 생태문명에서 지향하는 철학과 같이 지혜의 핵심은 덕이

며 온 마음을 다해 자연을 알고, 인간과 자연이 하나라는 주장을 한
다. 유교는 자연의 순리를 따르며 수행하는 것으로 세상의 모든 것의
고유한 가치를 인정하고, 자연에 대한 겸허함을 바탕으로 자연을 인
내와 사랑으로 대한다. 유교적 관점에서의 생태문명은 생태계에 대
하여 관용적이고 조화로운 이상 사회를 추구하는 것으로 보고 있다.

도교적 관점

중국의 도교는 신선 사상을 기반으로 노장 사상·유교·불교와 여
러 신앙 요소들을 받아들여 형성된 종교다. 도교의 교리는 자연의 법
칙에 순응하고 자연에 대한 경외심을 통해 자신을 개선하는 것이다.
도교는 인간이 "하늘과 땅이 함께 살고 만물과 나는 하나"의 상태를
달성하기 위해 자연을 존중하는 것이 최고의 기준임을 강조하는 일
종의 자연을 숭배하는 미신으로, 자연의 모든 것을 두려워하며, 자신
의 삶을 완성해가는 종교다.

도교는 인간이 자연법칙을 최고의 기준으로 삼고, 자연을 존중하
고 생명의 기본적 안식처로 하늘과 땅을 본받아야 한다고 강조한다.
인간은 자연에 순응하여 하늘과 땅이 함께 살고 만물이 나와 하나인
상태에 도달해야 함을 강조한다. 노자와 함께 도교를 형성한 장자는
사물 안에 내가 있고, 내 안에 사물이 있고, 사물과 내가 하나가 되는
영역을 "물질화", 즉 주체와 대상의 융합이라고 불렀다.

도교적 관점에서의 생태문명은 인간의 물질적 욕망을 초월하고
자연을 존중하고 생명의 기본적 안식처로 보고 있다.

중국의 불교는 불교는 석가모니의 가르침을 따르고, 불경을 경전으로 삼는 종교이다. 사람들로 하여금 만물의 본질을 이해함으로써 완전한 인식과 삶의 질 향상을 도모하는 것이다. 불교는 모든 것이 불성(佛性)의 일체이며 모든 존재는 평등하며 모든 것은 존재할 권리가 있다고 믿는다.

불교는 "살인하지 말라"는 것을 "오계(五戒)"의 첫째로 봄으로써 불교는 생명 존중 사상을 매우 중요시하는데 생태문명의 철학이기도 한다. 따라서 불교적 관점에서의 생태문명은 생명존중 사상을 통해 이타주의의 가치를 실현할 수 있는 통로라는 인식을 하고 있다.

생태문명의 성공 사례

인류문명의 발달과 함께 인구의 증가는 수많은 산림, 초원, 습지를 농경지와 마을로 바꾸게 되어, 자연이 제공하던 인간의 생존에 필요한 혜택을 더 이상 얻을 수 없게 되었다. 더욱이 인간의 생산활동으로 생기는 각종 공해와 폐기물로 인하여 환경이 오염되고 파괴되어 원래의 상태로 되돌릴 수 없는 지경에 이르렀다.

뿐만 아니라 석탄과 석유와 같은 화석 에너지의 지속적인 개발과 사용으로 인하여 대기 중 온실 가스의 비율이 증가하고, 기후 변화가 심화되었다. 기후 변화가 가져온 이상기후로 인류는 폭염, 폭설, 폭우, 태풍으로 심각한 피해가 발생하고 있다. 이로 인하여 인류의 숙제는 어떻게 하면 화석에너지의 사용을 줄이고 공해 발생이 없는 청정에너지를 개발하고 사용할 것인가가 화두가 되었다.

중국도 생태문명의 도입을 위하여 온실가스를 줄이기 위하여 재생 에너지와 원자력을 활용하여 화석에너지를 대체하는 방법을 모색하고 있다. 이를 통해 온실가스를 줄이고, 화석에너지의 고갈을 최대한 늦추고 있다. 이와 함께 녹색 기술의 연구 개발, 청정 생산의 촉진 및 순환 경제의 발전을 통해 재생 불가능한 광물 자원을 절약하고 재활용할 수 있는 기술을 개발하고 있다. 또한 대기 오염의 통제를 강화하고 있으며, 자연적으로 정화되는 환경 기술 개발에 박차를 가하고 있다.

이러한 국가 차원에서의 생태문명의 도입을 위한 노력뿐만 아니라 지역 차원에서도 생태문명을 도입하기 위하여 생태계를 되살리는 성공적인 사례는 매우 많은데 대표적인 성공사례로는 윈난성이 있다.

진사강은 장강의 상류로 칭하이성 위수시 바탕강 하구에서 발원하여 칭하이-티베트고원에서 홍고원까지 3481km를 흐르며 하구에서 양쯔강이라고 불린다. 중국 윈난성 진사강과 장강 중하류의 평야는 인간이 존재하기 이전에는 늪지대였으며, 자연적으로 균형을 이룬 상태였다. 사람이 거주하면서 늪지대의 비옥한 토양을 논과 밭으로 개조하면서 수천 년 동안 인간과 자연의 균형과 조화의 상태를 유지해 왔다. 그리고 진사강의 수질이 좋아서 국가의 중요한 식수 공급원이었다.

그러나 도시화와 산업화로 인하여 지나친 개발로 자연 환경이 급속하게 파괴됨으로써 자연과의 조화가 깨졌다. 이로 인하여 매년 윈난성 진사강과 장강 상류가 심하게 범람하여 대규모의 토양이 소실

되어, 토지가 황폐화되고, 경작지도 파괴되었다. 뿐만아니라 수질이 오염되어 식수원으로 사용하기 어려웠다.

장강의 범람

장강 상류가 범람함으로 인해 30개의 시와 현 15,000㎢가 피해를 입어 사람들이 생존의 기반을 잃고 국가 식량 안보를 위협받게 되었다. 이에 장지시에서는 '장지 프로젝트'를 선언하고, 토양 및 수질 보존을 위한 중점 예방 및 통제 구역으로 지정되하였다. 그리고 범람을 막기 위한 관계시설을 정비하기 위하여 투자를 늘리고, 지역주민과 협력하여 생태 환경을 보호하고 개선해 나갔다.

장강 유역의 토양 침식 면적은 1980년대 중반에 비해 1990년대 중반에 8% 감소했으며, 장강 지역의 생태 환경 전 유역에 32개의 도시와 53개의 현과 274개의 작은 마을의 수질이 높아졌으며 토양을 보호하는 데 성공하였다. 그리고 2000년부터 2006년까지 장강 상류

사업의 결과

원난 구간의 토양 침식 면적은 처리 전과 비교하여 2,098㎢ 감소했으며 유해 재난 현장이 많을수록 효과적으로 처리되었으며 프로젝트 지역 농민의 1인당 기본 농지가 1/3로 증가했다. 결과적으로 생태계를 복원하는 사업을 통하여 수질 및 토양 침식 제어가 놀라운 결과를 달성하였으며 농지를 증가시켰다.

　　중국의 산시성 신장현에 있는 창지시(昌吉市)의 북부 지역에 사막화가 갈수록 심해져서 심각한 환경 파괴가 이루어지고 있었다. 사막화로 인하여 농경지가 사막화되어 더 이상 경작할 수 없는 불모지가 넓게 조성되어 갔으며 사람이 살 수 없는 환경이 되어 지역주민들이 떠나게 되어 사막화는 더욱 빠르게 진행되었다. 이에 창지시에서는 사막의 생태환경을 개선하기 위해 "북방사막생태지대 보호 및 관리를 위한 잠정대책"을 발표하고 대대적으로 사막화를 막고 생태를 복원하려는 사업을 전개하였다. 이에 대하여 사막을 산림으로 만들려는 지역 주민 20만 명이 자발적으로 참여하여 1년 동안 나무를 심어 이제는 작은 숲을 만들어냈다.

생태문명 건설을 위한 전제 조건

생태문명 건설을 위한 전제 조건은 다음과 같다.

경제 분야

환경 보호와 경제 발전은 서로 상반되는 개념이며 한편으로는 환경 보호와 경제 발전 사이에는 적대적인 관계가 있다. 인간의 생존과 발전은 환경오염과 생태파괴를 가져오고, 축적되면 환경문제와 생태 위기가 발생하기 때문이다. 따라서 환경을 보호하기 위해서 경제 발전은 일정 부분 제한될 수밖에 없다. 생태문명을 건설하기 위해서는 환경 보호와 경제 발전은 공동의 목표가 되어야 한다. 그러기 위해서는 환경 보호의 근본적인 목적은 더 나은 경제 및 사회 발전을 촉진하고 인간에게 생존을 위한 좋은 자연 환경을 제공해야 한다.

중국의 경제 건설은 두 가지 모순에 직면해 있는데 하나는 경제 성장을 해야 하는데 천연 자원이 유한하고, 상대적으로 낮은 생산성이다. 다른 하나는 급속한 경제 성장을 했지만 제한된 환경과 낮은 생산력 사이의 모순이다. 이 두가지를 해결하는 것이 중국의 경제 성장을 지속적으로 할 수 있다.

경제건설은 경제활동으로 인한 자연의 생태계에 대한 위협을 제거하고, 녹색소비, 저탄소산업같은 산업생태화를 전략을 통해 건전하고 빠른 경제 발전을 이루어야 한다.

정치 분야

정치 분야는 생태문명 건설을 실현하기 위해 꼭 담보되어야 하는 조건이다. 인류가 당면한 생태환경 위기는 특정한 정치체계의 틀 안에서 인류가 수행하는 사회활동에 기인하였다. 따라서 생태문명 건설에 직접적인 영향을 미친다.

생태문명 건설을 추진하는 데 있어 주요한 정치적 장애물은 성과를 중요시하는 정치 풍토, 대중의 환경권을 침해하는 정책, 환경보호를 고려하지 않는 개발 정책, 기업의 이익을 우선시하는 정책이다. 따라서 생태문명을 건설하기 위해서는 이러한 정치적인 장애물을 제거해야 한다.

문화 분야

문화는 자연 상태에서 벗어나 일정한 목적 또는 생활 이상을 실현하고자 사회 구성원에 의하여 습득, 공유, 전달되는 행동 양식이나 생활양식이기 때문에 문화가 발달되면 문명이 되기 때문에 생태 문명과 문화 분야는 서로 교차되는 부분이 많다. 따라서 생태문명과 문화는 모두 현대인, 현대인과 미래세대, 인간사회와 자연 사이의 복잡한 관계를 다루고 해결해야 하므로 중첩되는 관계이다.

생태문명을 건설하기 위해서는 생태 위기에 대한 인식을 높이고, 자연 생태 환경을 존중하고 인간과 자연의 조화를 달성하려는 문화가 사회 전반에 확산되어야 한다. 생태문명은 어느 계층만을 위한 것이 아니듯 문화도 모든 사람이 공유해야 가치가 있다.

사회 분야

생태문명과 사회 분야는 서로 상호보완적이다. 사회의 핵심 문제는 국민의 생활을 보호하는 것이기 때문에 환경보호를 통하여 생태계가 주는 장점으로 인해 국민들의 삶의 질을 보장해주어야 한다.

게다가 사회적 분야는 서구 선진국 중심으로 21세기 이후 자본주의 시장경제의 새로운 실행 대안으로 파생되어지고 있는 지역갈등, 빈부격차에 따른 불평등과 같은 다양한 사회적 문제의 새로운 해결방안으로 태동되기도 했다.

생태문명의 건설 순서

생태문명의 건설은 기본적으로 산업문명의 성과를 바탕으로 보다 인류의 생존을 위해 자연과 과학기술을 적절하게 균형과 안정되게 하는 것이다. 생태문명 건설의 목표는 인류의 과학기술이 자연 환경을 해치는 무리한 발전은 지양하며, 자연을 함부로 대하지 않으며, 인간과 자연의 관계를 개선하고 최적화하기 위해 노력하는 것이다. 생태문명의 성공적인 도입을 위해서는 한꺼번에 모든 체제를 변경하고, 완전 새로운 방식으로 하는 것이 아니기 때문에 단계별로 변화를 해야 한다.

생산방식의 변화

생산방식은 인간의 생존에 필요한 생활 수단인 식품, 의복, 주거,

연료, 생산 용구 따위의 재화를 생산하는 방식을 말한다. 생태 환경을 보존하기 위해서는 지금까지의 대량 생산 체제에서 벗어나야 하며, 공해를 발생하는 산업을 무공해 산업으로 변화시켜야 한다. 생산 방식의 변화로 인해 자연환경을 더 이상 오염시키거나 파괴하지 않을 때만 생태문명이 건설될 수 있다.

라이프스타일의 변화

라이프스타일은 일상생활 구조, 생활 의식, 행동 양식의 세 가지 요소가 결합된 생활 체계를 말한다. 생태문명을 건설하기 위해서 생산 방식을 변화시켰으면 다음으로 해야 할 단계는 라이프스타일의 변화다.

인류의 물질의 풍요로움에서 느끼는 행복감을 정신에서 행복감을 느낄 수 있도록 라이프스타일을 바꾸어야 한다. 라이프스타일의 변화를 통해 자원의 고갈을 막기 위해서 대량 소비를 줄이며, 자연 생태계에 피해를 입히지 않으면서 자신의 필요를 충족하도록 해야 한다.

정책의 변화

정책은 공공문제를 해결하고자 정부에 의해 결정된 행동방침을 말한다. 생태문명 건설은 정책의 변화가 없이는 불가능하다. 인류가 당면한 생태환경 위기는 자연환경과 관련된 정책이 없이는 불가능하다. 따라서 생태문명을 건설하기 위한 정치적인 장애물을 제거해야 하며, 자원을 합리적으로 배분하고, 환경보호를 위한 정책이 만들어

져야 한다.

문화적 변화

문화는 개인이나 인간 집단이 자연을 변화시켜온 물질적·정신적 과정의 산물을 말한다. 생태문명 건설의 마지막 단계는 문화적인 변화다. 지금까지의 문화 중에서 자연환경의 가치를 높이고, 생태문명을 지원하는 문화를 발달시켜야 한다.

생태 산업의 전망

　생태 산업은 전통 산업의 상속 및 발전이지만 전통 산업과 달리 생태 산업은 주변 환경이 전체 생태계의 통합 관리에 포함되어 자원의 효율적인 사용과 시스템 외부의 유해 폐기물 배출 제로를 추구한다. 생태계는 자연생태계, 인공생태계, 산업생태계로 나누어 서로의 발전을 위하여 공생 네트워크를 형성한다. 생태 산업은 생태 산업, 생태 농업 및 생태 서비스 산업을 포함한 1차 생산 부문, 2차 생산 부문 및 서비스 부문에 걸쳐 있다.

　산업문명의 생산 방법은 원자재에서 제품, 폐기물에 이르기까지 비순환 생산이지만, 생태문명은 자연법칙에 입각한 환경자원의 재순환할 수 있도록 순환 생산하는 산업이다.

중국의 1인당 자원은 턱없이 부족한데 1인당 경작지, 담수, 산림은 세계 평균의 32%, 27.4%, 12.8%에 불과하다. 또한 철광석 자원은 세계 평균보다 현저히 낮다. 반면에 주로 투자 및 재료 투입 증가에 의존하는 광범위한 경제 성장 방법의 장기 구현으로 인해 에너지 및 기타 자원의 소비가 급격히 증가했다. 생태 환경의 악화 문제는 점점 더 두드러지고 있다.

인간 사회의 발전 관행은 생태계가 자원, 에너지, 깨끗한 공기와 물 및 기타 요소를 계속 제공할 수 없다면 물질 문명의 지속 가능한 발전은 운반체와 기반을 잃고 전체 인류 문명이 위협받을 것임을 증명했다. 그러므로 생태산업은 풍족한 사회 건설이라는 목표를 전면적으로 달성하기 위해서 꼭 필요한 산업이며, 미래의 유망 산업이다.

중국은 생태산업을 활성화하기 위하여 자원절약 산업, 친환경 산업, 녹색 산업, 순환경제 산업, 저탄소 산업, 녹색 발전 산업, 저탄소 발전 산업, 녹색 저탄소 발전 산업 등을 집중적으로 육성하려고 노력하고 있다. 이를 위하여 11차 5개년의 사업은 발전 산업, 순환 경제 산업, 에너지 절약 산업, 탄소 배출 감소 산업을 집중적으로 육성하고, 환경 보호에 대한 과학적으로 대처하는 것을 목표로 하였다. 12차 5개년 계획에서는 기후변화 대응 및 자연재해 예방 등을 목표로 관련 산업을 육성하는 것을 목표로 하고 있다.

생태산업은 전통적인 의미의 오염방지 및 생태복원과 같은 산업과 달리 산업문명의 단점을 극복하고 자원절약 및 친환경 발전의 길을 모색하는 산업이라고 할 수 있다. 중국은 엄청난 인구 기반과 경제 규모로 인해 다양한 환경보호 정책을 추진해도 심각한 환경 오염을 피하기 어렵다.

인간과 자연이 진정으로 조화를 이루기 위해서는 청정 재생 에너지를 대규모로 개발하여 천연 자원을 효율적으로 재활용할 수 있어야 한다. 이는 아직 산업화 단계에 있는 중국에 있어서는 큰 도전이다.

인류는 자원 개발과 사용이 엄격해지고, 환경오염으로 생태계가 파괴되고 있는 엄중한 상황에 직면하고 있다. 이러한 시기에 자연을 존중하고 보호하는 생태산업이야말로 인류를 구원할 수 있는 가장 전망있는 산업이라고 할 수 있다.

2장
ESG가 뜨고 있다

지금 ESG가 왜 주목받는가?

ESG의 내용은 이미 오래전부터 우리 주변에서 언급되어 왔다. 기후변화, 탄소중립, 환경경영, 자원관리, 폐기물 관리, 에너지경제, 순환경제, 고객만족경영, 개인정보보호, 인권경영, 지역사회 인프라 구축, 공급망 관리, 사회적 책임, 사회공헌, 투명경영, 윤리경영, 감사위원회 등이 바로 그러한 내용이다.

그러던 중 코로나19가 전 세계를 강타하면서 사업장이 폐쇄되기 시작한다. 기업들이 문을 닫거나 휴업을 하게 되고, 근로자들이 일자리를 잃으면서 사회 경제적 수요-공급이 일시적으로 멈추게 된다. 도시 및 국가 수준에서 록다운(lockdown)이 선포되고 이동이 제한되며 비상경영체제 들어선다. 이런 사회 구조의 변화는 화석연료 수요의 감소, 이산화탄소 배출의 감소, 대기환경 개선이라는 환경적 이슈를 눈에 띄게 불러왔다. 많은 기업들이 코로나19 이전부터 환경문제의 중요성을 알고 환경경영을 위한 많은 노력을 해왔으나, 코로나19가 불러온 환경의 개선 속도는 비교할 수 없을 만큼 빨랐다.

오폐수가 흘러 물고기가 살기 어려운 강에 수질이 좋아야만 등장하는 1급수 희귀종이 등장하게 되고, 도심지에 야생 염소, 칠면조, 곰이 출몰하여 앞마당의 풀을 뜯어먹는 모습이 여러 나라에서 포착되었다. 한 예로 인도 동북 오디샤주의 간잠 지역 루시쿨야 해변은 올리브 바다거북이 알을 낳기 위해 찾아오던 곳이었는데 관광객으로 인해 발생한 쓰레기로 해안가가 오염되면서 바다거북들이 알을 낳으러 돌아오지 않게 되었다. 그러나 코로나19 이후 루시쿨야 해변이 통제되면서 환경이 되살아났고, 올리브 바다거북 80만 마리가 돌아와 둥지를 틀었다.

대기환경의 질 개선도 눈에 띄게 개선되었다. 산업 및 사회 활동이 감소하고 이동이 통제되면서 뉴욕, 시애틀, LA 등 미국의 대도시들의 이산화질소 배출량은 50% 이상 감소했다. 세계 대기오염물질 배출량 선두를 달리는 중국전역의 이산화질소 농도도 급격하게 줄어들면서 나비효과처럼 발생하던 대기오염과 미세먼지 문제도 자연스럽게 줄어들었다.

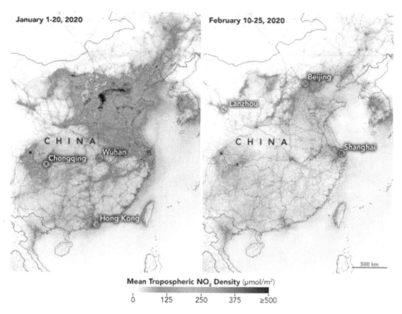

[그림] 중국 전역의 이산화질소 오염도 (출처: NASA)

코로나19는 기업의 공급망을 붕괴시키고 임직원들의 감염으로 인한 생산 중단을 불러일으켰다. 세계 속 기업들은 처음에는 이런 문제들로 비상경영체제에 들어갔지만, 점차 코로나19가 장기화되고 백신이 개발되면서 수시로 바뀌는 상황에 맞춰 유연하게 ESG경영을 이어나가게 된다. 친환경 운송 시스템, 신재생 에너지의 적극적인 활용, 디지털 트랜스포메이션, 스마트 공장의 구축 등 미뤄왔던 환경경영을 발 빠르게 도입하여 코로나19 안에서도 사업의 활성화를 이룩하고자 하였다. 또한 코로나19로 어려움을 겪는 임직원과 고객에 대해 사회공헌활동을 늘리고 개인정보보호, 직원의 건강 및 안전관리,

협력사에 대한 기술 지원 등을 확대하였다. 불투명한 상황에서도 기업을 지켜내기 위한 기업지배구조공시 확대, 내부회계관리 강화 등의 지배구조 개선 조치도 적극적으로 이루어졌다.

코로나19는 ESG 경영 트렌드를 가속화시키는 가장 큰 역할을 했다고 볼 수 있다. 2021년 신년사에서 내로라하는 기업들이 모두 ESG 경영을 언급하였으며, 세계적인 투자 회사들도 ESG투자에 대한 내규를 철저히 다져가고 있다. 서울의 버스나 지하철 광고판에는 ESG 경영을 홍보하는 다양한 매체들이 소개되고 있다.

코로나19가 종식된 이후에는 ESG경영이 다시 사라지는 것이 아니라, 보다 전폭적으로 체계화되고 확산되면서 최종적으로 지속가능한 발전과 경영에 이바지하는 중요한 요소로 자리매김할 것이다.

ESG란 무엇인가?

ESG는 환경(Environmental), 사회(Social), 지배구조(Governance)의 약칭으로 기업의 비(非)재무적 성과를 판단하는 기준이다. 전통적으로 기업의 경영방식은 재무적인 성과를 중심으로 진행되었다. 그러나 현대사회에 접어들면서 자본주의가 고도화되고 산업화가 다원화되면서 기업과 사회의 관계가 새롭게 변화하게 된다. 즉 기업의 성장과 이익이 사회의 경제적인 부분뿐만 아니라 공공적 부분에까지도 영향을 주게 된다는 것이다. 그러면서 대규모의 기업들에 대한 주변의 요구와 기대사항의 범위가 넓어진다. 기업과 사회의 관계에 대한 경제적인 요소로는 자본, 원자재, 인력, 일자리, 소득, 수익, 재화 등이 있었지만, 현대사회에 들어서면서 추가적으로 노동력의 질과 구성, 환경, 공해, 질병, 차별, 빈곤 등의 사회적 측면에 대한 책임이 발생하였다. 기업은 몸집이 커짐에 따라 점점 더 사회적 책임도 막중해지게 된 것이다. 그렇게 현대 사회에서는 기업과 사회의 관계가 단지 경제적인 측면에 더해 사회적 측면까지 긴밀하게 연결되면서 기업의 사회적 책임(Corporate Social Responsibility, CSR)의 개념이 성립되게 된다.

환경(Environmental), 사회적 책임(Social), 지배구조(Governance)의 약자.
기업의 중·장기적 가치와 지속 가능성에 큰 영향을 미칠 수 있는 **비재무적 지표**를 의미

E 환경
· 기후변화 및 탄소배출   · 자원 및 폐기물 관리
· 환경오염 · 환경규제   · 에너지 효율
· 생태계 및 생물 다양성

S 사회적 책임
· 소비자 보호
· 데이터 보호 · 프라이버시
· 인권, 성별 평등 및 다양성
· 지역사회 협력
· 공급망 관리력
  (공정거래 · 상생협력)
· 근로자 안전 등

G 지배구조
· 이사회 및 감사위원회 구성
· 뇌물 및 반부패
· 로비 및 정치 기부
· 기업윤리
· 컴플라이언스

ESG

[그림] ESG의 개념 (출처:국회입법조사처)

우리나라에서는 기업의 사회적 책임이 오랜 시간 동안 일부분에 집중되어 실시되었다. 2016년 CSR과 관련된 기사를 조사해본 결과 약 46%정도가 CSR을 사회공헌활동으로 설명하고 있었던 것이다. 그도 그럴 것이 CSR에서 S(사회)라는 단어로 인해 사회적인 문제에만 국한된 공헌을 실시해야 한다는 오해가 R(책임)이라는 단어로 인

해 기업의 일방적인 사회공헌 실천 의무라는 오해가 생긴 것이다. 이미 해외에서도 1900년대부터 계속해서 새로운 CSR의 개념이 등장해왔고, 이 개념이 정확한 특정개념이라기보다는 다양한 관점에서 학자들 간의 견해차이가 있다 보니, 우리나라에서도 CSR을 정의 내리는데 명확하기가 힘들었던 것이다.

2014년 대한민국 CSR 국제컨퍼런스에서 발표한 한국기업 CSR 실태 조사 결과를 참고하면, CSR을 통해 달성하고자 하는 사업 목표가 '지역사회 공헌', '기부 및 자선활동', '동반성장', '직원 복지 및 안정', '기업윤리', '공정거래' 와 같은 내용이 주를 이루었다. 그렇다 보니 기업의 경제적 성장과 사회적 공헌이 마치 반대되는 개념처럼 느껴지게 되었고, 기업이 성장하면서 사회에 환원해야 하는 의무적 사업과 같이 느껴지게 되었다. 그러나 고려대학교 경영학과 이재혁 교수는 이러한 개념이 잘못되었다며 현대사회의 CSR 핵심은 기업의 경제 가치 성장과 더불어 사회 전반의 이익을 위한 사회적, 환경적 가치를 동시에 추구하여 지속가능한 발전을 유지하는 것이라고 재정의를 내렸다.

그중에서 과거로부터 CSR의 핵심으로 꾸준히 언급되어온 '지속가능성(Sustainability)'이 다시금 중요하게 자리매김하면서 최근 들어 그중 하나로 ESG 개념이 부상하게 된 것이다. 기업은 생산 및 영업활동 중 사회적인 가치를 함께 추구하여 발전의 지속성을 유지하면서 이윤을 추구해야 한다. 국가정보법령센터의 지속가능발전법 제1조를 참고하면 '이 법은 지속가능발전을 이룩하고, 지속가능발전을 위한 국제사회의 노력에 동참하여 현재 세대와 미래 세대가 보다 나은 삶의 질을 누릴 수 있도록 함을 목적으로 한다'고 나와 있다. 또한 제2조에서 지속가능성을 '현재 세대의 필요를 충족시키기 위하여 미래 세대가 사용할 경제·사회·환경 등의 자원을 낭비하거나 여건을 저하시키지 아니하고 서로 조화와 균형을 이루는 것'이라고 정의한다.

정리하자면 현대 사회에서 기업은 사회와 긴밀한 계약 관계를 맺고 있으며, 이 관계의 측면이 자본주의의 확대에 따라 경제적 측면에 더하여 사회적 측면까지 확장하였다. 그러면서 기업의 사회적 책임(CSR)이 요구되기 시작하였고 그 가운데 지속가능성을 중심으로 계속해서 사회적 책임이 확장되어 갔다. 현대 사회에서는 기업의 지속가능한 사회적 측면을 판단하는 기준을 다시 환경, 사회, 지배구조로 세분화하였으며 이것이 바로 ESG로 정의되면서 기업을 평가하는 하나의 요소로 활용되기 시작하였다.

CSR의 국제 표준을 정한 'ISO 26000'은 그 항목으로 조직 지배구조, 인권, 노동 관행, 환경, 공정운영관행, 소비자 이슈, 지역사회 참여와 발전 등 7가지를 제시하고 규정안을 세웠다. 이 중 조직 지배구조, 환경, 지역사회 참여와 발전은 ESG의 3가지 카테고리에 해당한다. 그렇다고 CSR에 ESG가 포함된다는 관점은 현재사항에서는 별 도움이 되지 않는다.

현재 CSR과 ESG를 구분하는데 핵심이 되는 것이 바로 '관점'이다. CSR과 ESG 둘 다 지속가능성을 중심으로 사회적 계약에 참여한다는 점에서 그 의미가 유사하지만 CSR은 기업의 이미지 제고 및 평판 향상에 그 효과를 집중시켜 '기업시민'으로서 자발적 활동을 한다는 관점을 가진다면, ESG는 투자자가 기업의 환경·사회·지배구조 활동에 대한 결과를 정량적으로 산출하여 최종 투자를 결정하는데 비재무적 요소로 활용하는 관점에서 차이가 있다.

결국 ESG는 ESG자체로 사용되기 보다는 'ESG평가', 'ESG경영', 'ESG지표' 등의 복합의미로 사용되고 있다. 그러면서 ESG경영을 위한 조직 내 팀이 신설되고, 각종 연구가 진행되고 있으며 ESG평가지표에 대한 국가수준의 니즈가 발생하고 있다. 2015년 G20 재무장관 및 중앙은행장의 협의체 금융안정위원회 주도로 설립된 기후관련 재무정보공개 태스크포스(TCFD)는 2017년 표준화된 ESG정보공개 권고안을 발표했다. EU 또한 2019년 ESG관련 정보 공개 의무화에 대한 지속가능금융 공시제도(SFDR)를 발표하였고 2021년 3월 은행, 자산운용사, 연기금 등 EU 역내 활동하는 금융기관에 적용하였다. 우리나라에서도 2021년 1월 한국거래소에서 ESG정보공개 가이던스를 제정하면서 상장사가 ESG관련 정보를 공개할 때 참고할 수 있도록 하였다. 금융위원회는 2030년까지 모든 기업의 ESG 공시 의무화를 위해 '기업공시제도 종합 개선방안'을 발표하였다. 이제 모든 기업이 ESG경영을 고려할 때가 된 것이다.

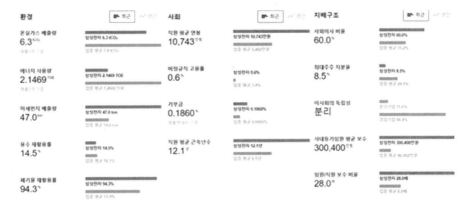

[그림] 모바일 네이버 증권의 ESG 카테고리 예시 (출처: 네이버 증권)

네이버증권은 페이지 내에 ESG 카테고리를 만들어 지속가능발전소를 통해 해당 기업의 비재무적 평가 지표를 공개하기 시작하였다. 예를 들어 삼성전자를 검색하면 다음과 같은 내용을 확인할 수 있다. 환경 부분에서는 온실가스 배출량, 에너지 사용량, 미세먼지 배출량, 용수 재활용률, 폐기물 재활용률을, 사회 부분에서는 직원 평균 연봉, 비정규직 고용률, 기부금, 직원 평균 근속년수를, 지배구조에서는 사회이사 비율, 최대주주 지분율, 이사회의 독립성, 사내등기임원 평균 보수를 알려준다. 현재 수준을 업종 평균과 비교하여 제시하고 각 항목마다 근 4년간의 연간 변화 그래프도 제시하고 있다.

국내에서는 2011년을 기점으로 ESG 평가가 시작되었다. 한국기업지배구조원은 2003년에 국내 상장기업의 공시자료를 바탕으로 G(지배구조) 부분에 대한 평가를 실시해왔다. 그러다가 2011년부터는 E(환경) 부분과 S(사회) 부분을 추가하였고, 등급 체계에도 8단계,

5단계 등을 거쳐 현재는 7단계 체계(S, A+, A, B+, B, C, D)로 평가하고 있다.

과거의 기업과 사회는 협소한 분야에서 연결되어 있었다면 지금의 기업들은 세계 어느 나라나 긴밀하고 촘촘하게 연결되어 있다. 그렇기 때문에 세계 어디서도 투자를 받을 수 있고, 그렇기 때문에 해외의 빠르게 변화하는 ESG경영에 발맞춰 국내에서도 속도감 있게 ESG경영을 준비해야 한다. 이제는 기업의 역할에 대한 사람들의 가치관이 변화하였으며 개인의 삶을 넘어 세계의 생태 문제에도 그 책임을 묻고 있다.

특히 코로나19로 수많은 기업들이 어려움을 겪었으나, 생태환경은 놀랍게도 회복되었다. 이를 기점으로 2021년 대기업 신년사에는 ESG가 단골로 등장하기도 하였다. 한화그룹, 포스코그룹, 현대그룹, 농협 등에서 ESG경영을 직접적으로 언급하면서 국내 ESG경영이 가장 중요한 과제 중 하나로 부상하였고, 더 이상 선택이 아닌 필수의 영역으로 접어들고 있다.

ESG는 기업이 사회와 더불어 지속적으로 성장할 수 있는 가장 기본적인 개념이자 경영 방식으로 자리 잡았다. 앞으로 환경, 사회, 지배구조를 중심으로 기업의 성장 궤도가 새롭게 구축될 것이다. 현재는 그룹의 총수로부터 ESG경영을 강조하며 새로운 팀이 신설되는 등의 TOP-DOWN 방식이 적용되고 있으나, 몇 년 후에는 직원 하나하나가 셀프ESG경영을 실천하는 사회가 도래할 것이다.

ESG의 개념과 역사

ESG가 처음 등장했다는 것에 대해서는 여러 가지 주장이 있지만 대체로 2000년대 초중반 시기에 위치해 있다. 2003년 유엔환경계획 (UNEP)의 금융이니셔티브(FI)에서 처음 ESG용어가 사용되었다는 주장이 있다. 또는 2006년 UN이 기업의 환경·사회·지배구조 이슈가 투자 포트폴리오 성과에 영향을 미치기 때문에 이를 고려해야 한다는 UN PRI에 처음 등장했다고 보기도 한다. 물론 이미 오래전부터 산업과 환경은 특히나 상호 연결되어 왔으며, 최근에는 착한 기업, 동물실험, 환경오염에 대한 이슈를 다루는 것이 기업의 필수적 임무라고 볼수 있다.

ESG의 역사는 사회적 책임(Social Responsibility: SR)부터 시작된

다. 1953년 미국의 경제학자 하워드 보웬의 '경영인의 사회적 책임'이라는 저서를 기점으로 첫 번째 변화를 맞이하게 된다. 그가 자신의 저서에서 기업의 사회적 책임(CSR)이 기업인의 의무라는 개념을 제시하였기 때문이다. 경영학의 아버지 피터 드러커도 1954년 '경영의 실제'라는 저서를 통해 기업이 파급하는 사회적 권력에 대해 책임을 져야 한다고 주장하였다. 이런 기본적 이론과 개념을 바탕으로 기업의 점차 사회적 책임을 바탕으로 한 긍정적 영향력을 행사하기 시작하였고 1990년 경영학자 아치 캐롤의 CSR 피라미드로 인해 CSR의 개념이 구체화되었다.

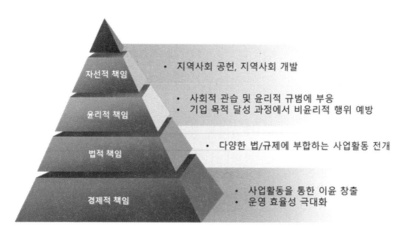

[그림] 아치 캐롤의 CSR 피라미드 모형

CSR 피라미드는 총 4단계로 이루어졌으며 역사적 시대의 흐름에 따라 어떤 식으로 기업의 사회적 책임이 발전해 왔는지를 가장 잘 보여주는 모형이다. 제일 아래 있는 경제적 책임은 수익 창출에 대한 책임으로 사회 안에서 기업이 가지는 가장 당위적인 책임이다. 기업은 사업 활동을 통해 이윤을 창출해야 하는 책임을 가지고 있으며 고객의 욕구를 충족시키고 운영을 효율적으로 하면서 다시금 고용을 확대해야 한다. 경제적 책임은 다른 모든 책임의 기반이 된다. 두 번째 있는 법적 책임은 준법경영에 해당한다. 법을 준수하면서 사업 활동을 전개해야 하는데, 주로 생산, 유통, 판매와 관련된 기본적인 사항이 이에 해당한다. 이를 통해 기업은 안전한 제품을 생산하고, 올바른 유통을 할 의무를 가지는 것이다. 법적 책임도 마찬가지로 기업이라면 당연히 지켜야 하는 당위적 책임 범위에 해당한다. 세 번째에 있는 윤리적 책임은 윤리 경영에 해당한다. 법적 규제를 넘어서서 사회적 관습이나 윤리적 규범에 부응하는 책임이다. 기업의 목적을 달성하기 위해 법망을 교묘하게 피해가지 않으며, 보다 옳고 공정하며 정당한 행위를 보이는 것이다. 따라서 윤리적 책임에 대해서는 당위성을 부여할 수는 없으나 기업의 자발적 책임을 기대하게 된다. 마지막 자선적 책임은 기업이 창출한 이윤의 일부를 사회에 공헌하는 책임이다. 이 또한 기업에게 반드시 요구되는 책임이 아니지만, 좋은 기업시민의 모습으로 사회에 기여하고, 이를 통해 결국 기업 이미지가 제고되어 기업을 찾는 고객층의 수요가 증가하게 된다. 1990년 아치 캐롤의 CSR 피라미드 모형을 기점으로 기업들은 가장 당위적으로 요구되었던 경제적 책임을 넘어 법적, 윤리적, 자선적 책임을 적극적으로 이행하기 시작하였고, 경제, 사회, 환경적 영역에서 얼마나 공헌하는지 평가받기 시작했다.

CSR의 개념이 점차 명확하게 정립됨에 따라 기업의 평가도 세분화되었다. 기업의 책임과 연결 지어 기업의 역할을 경제, 사회, 환경으로 구분한 개념이 바로 지속가능성이다. 지속가능성은 기업의 경제적 성장이 생태계 보존과 미래세대를 고려한 상태여야 한다는 개념으로 시작하였다. 이런 평가 요소가 고도화되는 가운데 UN은 기업의 환경, 사회, 지배구조가 투자대상 기업을 선택하는 데 고려대상이 된다는 내용을 담은 '책임투자원칙'을 발표하면서 ESG 개념이 정립되기 시작한다.

기관투자자들은 주로 기업의 성장 가능성이나 경제적 가치를 추구하는 기업에 관심을 갖고 주가수익률(Price Earning Ratio: PER), 주가순자산비율(Price Book-value Ratio: PBR), 자기자본이익률(Return On Equity: ROE) 등 전통적인 재무지표를 참고하여 투자를 진행하였다. 그러나 현대 사회에 접어들면서 기업의 사회적 책임을 요구하는 문화가 국제수준에서 형성되고, 재무적 위험 관리 요소뿐만 아니라 비재무적 위험 관리의 필요성이 증대되었다. 또한 지속가능한 기업인지 분별하고자 하는 노력이나 평가가 진행되면서 비재무적 기준이 중시되기 시작하였다. 비재무적 요소들을 잘 다루는 기업이 장기적인 관점에서는 재무성과도 우수했기 때문이다.

한국기업지배구조원의 ESG 평가 개요를 참고하자면 현재 ESG의 요소들은 다음과 같다.

환경(E)	사회(S)	지배구조(G)
[환경경영] 환경조직 목표 및 계획수립 친환경공급망 관리 수자원/폐기물 관리 기후변화 환경위험관리 성과평가 및 감사	**[근로자]** 고용 및 근로조건 노사관계 직장 내 안전 및 보건 인력개발 및 지원 직장 내 기본권	**[주주권리보호]** 주주권리의 보호 및 주주권 행사의 편의성 소유구조 경영과실 배분 계열회사와의 거래
[환경성과] 수자원/폐기물 관리 기후변화 환경위험관리 친환경 제품 및 서비스	**[협력사 및 경쟁사]** 공정거래 부패방지 사회적 책임 촉진	**[이사회]** 이사회의 구성 및 운영 이사회 평가 및 보상
	[소비자] 소비자에 대한 공정거래 소비자 안전 및 보건 소비자 개인정보보호	**[감사기구]** 이사회 내 위원회 감사기구 구성 감사기구 운영
[이해관계자 대응] 환경 보고 이해관계자 대응 활동	**[지역사회]** 지역사회 참여 및 사회공헌 지역사회와의 소통	**[공시]** 공시 일반 홈페이지 정보 공개

[표] ESG와 기업의 장기적 성장 (출처: 한국기업지배구조원, 2020 자료 재구성)

환경 카테고리에서는 환경경영, 환경성과, 이해관계자 대응을 중심으로, 사회 카테고리에서는 근로자, 협력사 및 경쟁사, 소비자, 지역사회를 중심으로, 지배구조 카테고리에서는 주주권리보호, 이사회, 감사기구, 공기를 중심으로 ESG를 분류하고 평가한다. 모든 ESG평가기관이 이런 분류체계를 따르는 것은 아니나 전체적으로 의미하는 바나 추구하는 사항은 유사하다.

ESG 경영은 앞으로도 역사에 근거하여 새로운 세부 전략과제들을 도출할 것이다. 기업 수준을 넘어서서 국가 수준에서 ESG 국가경영이 이루어지고, 더 나아가 ESG 글로벌 아젠다가 수시로 등장할 것이다. 세계 흐름에 따라 ESG 중 특정한 요소가 강화될 수도 있고, 또는 새로운 요소가 추가되거나 대체될 수도 있다. M&A, 투자, 심사, 진단 부분에서 ESG 요소가 핵심적으로 활용될 것이다.

글로벌 흐름을 탄 ESG의 개념과 역사적 의의를 정확하게 이해하고 탄탄하게 다질수록, ESG 경영 시대에 뒤처지지 않는 것은 물론, ESG경영을 선도하는 역할을 할 수 있을 것이다.

ESG 오해와 진실

ESG경영에 대해 가장 큰 오해는 정의이다. 사실 국내 ESG전문가들도 명확한 정의를 내리거나 하나로 의견을 모으는 데 여전히 잡음이 많다. 그러나 전문가들은 ESG와 CSR, 그리고 지속가능성에 대한 구분을 하고 있으며 이 내용들을 올바르게 이해하고 있다. 반면 이제 막 ESG를 급급하게 학습하여 성급하게 기업에 적용하려는 컨설턴트들은 대부분 ESG를 수박 겉핥기식으로 이해하여 그럴싸하게 적용하려고만 한다.

가장 먼저 ESG를 환경, 사회, 지배구조에 대한 단어적 이해가 필요하다. 국가ESG연구원장 문형남 교수는 ESG를 의미상 '환경, 책임, 투명경영'으로 이해하는 것이 필요하다고 언급하였다. 즉 ESG평가를 실시할 때 환경(E)은 기업의 친환경, 환경보호, 환경경영 및 환경성과에 대한 평가를, S(사회)는 사회적 관계(근로자, 협력사, 고객사, 지역사회 등)에 대한 책임 평가를, G(지배구조)는 주주, 이사회, 감사를 둘러싼 기업의 윤리경영 및 투명경영에 대한 평가를 한다는 뜻이라는 것이다. 또한 ESG평가라는 단어에 대해 '기업에 대한 규제'라고 생각하는 경우가 있으나 사실은 규제가 아니라 ESG평가를 통한 지속가능한 성장을 위한 지표라고 말한다. 이러한 내용은 개념적으로 접근할 때 잘못된 정보들이 많아서 오해가 생길 수 있으나, 우리나라에서 대표적으로 ESG평가를 진행하고 있는 한국기업지배구조원, 대신경제연구소, 서스틴베스트 등의 기관 지표를 참고하면 조금 더 명확히 이해할 수 있게 된다.

또 다른 오해는 ESG경영에 우위가 있다는 것이다. 예를 들어 '환경, 사회, 지배구조 중에서도 지배구조가 가장 중요하다'와 같은 것이다. 그러나 이 세 가지는 우위를 정할 수 없는 평가 요소이다. 실제 환경경영, 사회적 책임경영, 지배구조에 대한 윤리 및 투명경영을 따로 평가하여 점수를 부여하고 있으며, 종합점수는 이들을 합산한 정도의 의미밖에 가지지 않는다. ESG 등급에 대한 연구 논문에서도 통합등급 외에 각 부분별 등급을 바탕으로 연구를 진행하고 있다. 시대의 흐름이나 경영 이슈에 따라 어떨 때는 환경부분이, 어떨 때는 사회나 지배구조 부분이 더 중요하다고 느껴질 수 있다. 그러나 ESG의 기반 중 하나로 지속가능성이 있다는 것을 명확히 이해한다면 이 세 가지

영역에 순서를 둘 수 없다는 것도 이해할 것이다.

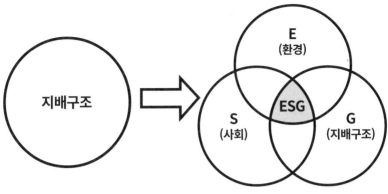

[그림] 기업에 대한 평가 구조 변화

ESG가 반짝 등장했다가 사라질 것이라는 의견들도 많다. 그러나 CSR로부터 기인한 ESG의 등장 배경과 역사를 이해한다면 정의나 내용적인 부분에서 유행이 될 수 없다는 것을 알 것이다. 또한 지속가능성 → 지속가능발전 → ESG경영의 흐름을 이해한다면 마찬가지로 잠깐 유행했다가 사라질 수 없는 흐름이라는 것도 알 것이다.

이런 흐름은 우리 주변만 둘러봐도 쉽게 접할 수 있다. 스타벅스는 2019년 종이 빨대를 도입했다. 처음에는 빨대가 젖어 흐물흐물 해지면서 음료가 잘 빨리지 않고, 커피 맛이 떨어진다는 불만이 잦았지만 2년이 지난 현재는 종이 빨대를 필요시에만 주는 것으로 발전하였고, 더 나아가 빨대 없는 리드 컵만 제공하면서 종이 빨대조차도 사용량이 줄어들었다. 대부분의 사회인들이 이런 불편함에도 암묵적으로 동의하였기 때문에 스타벅스는 환경경영의 방침을 고도화할 수 있었다. 또한 동네의 개인 카페의 경우에도 옥수수 빨대나, 친환경 일회용 컵을 사용하면서 지속가능한 공동의 목표에 동참하고 있다.

UN의 지속가능발전목표(SDGs, Sustainable Development Goals)는 2015년에 채택되어 2030년까지 시행된다. 인류의 보편적 문제(빈곤, 질병, 교육, 성평등, 난민, 분쟁 등), 지구 환경문제(기후변화, 에너지, 환경오염, 물 등), 경제 사회문제(주거, 기술, 노사, 고용, 생산 소비, 사회구조, 법 등)의 해결을 목표로 하면서 기업의 경영체계와 큰 연관성을 갖는다.

전 세계적인 지속가능발전에 대한 관심과 2050탄소중립 정책 등을 떠올려 본다면 ESG는 결코 유행이 아닌, 인류가 끝까지 지켜내야 하는 장기적인 글로벌 목표라는 것을 인정해야 할 것이다.

현재 ESG경영, ESG평가, ESG투자에 대한 급속도의 관심이 생기면서 전 세계 기업들을 평가하기 위한 ESG 평가 기관들이 우후죽순처럼 생겨나고 있다. 물론 세계적으로 다우존스 지속가능경영지수, 모건스탠리캐피털인터내셔널, 톰슨 로이터 등을 중심으로 ESG가 평가되고 있으나 평가 기관마다 기준이 상이하다 보니 그 등급의 차이도 심각한 경우가 많다. 실례로 2019년의 평가를 들면, 오뚜기의 경우 모건스탠리캐피털인터내셔널은 사회 부문에 최고 등급인 A를 주었으나, 톰슨 로이터는 C- 등급을 주었다. SK하이닉스의 환경 부문에 톰슨 로이터는 B+ 등급을 주었으나, 모건스탠리캐피털인터내셔널은 C 등급을 주었다.

대표적이고 세계적인 기업만도 이렇게 평가 기준이 상이하기 때문에 기업들은 여러 기관에 평가를 의뢰하고 가장 좋은 평가를 준 기관의 등급만을 공개하여 홍보할 수도 있는 노릇이다. 이런 점에서 국제표준 평가기준의 마련이 시급하고, 또 그만큼 현재 ESG에 대한 모든 것이 빠르게 안착되면서도 폭넓게 흔들리고 있다는 점을 알아야 한다. ESG에 대한 많은 오해들과 진실들이 뒤섞여 있는 가운데, 지금 당장 세부적이고 명확한 부분에 초점을 기울이기보다는, 폭넓은 시야로 ESG와 기업, 경영, 평가, 투자에 대한 넓은 안목을 가지고 그 흐름에 초점을 맞추는 것이 더욱 바람직하겠다.

ESG와 인간 사회 중심의 자본주의

2021년 3월 제 48회 상공의 날 기념식에 참석한 문재인 대통령은 "이제 경제 반등의 시간이 다가왔다. 경제 회복이 앞당겨지고 봄이 빨라질 것이다...(중략)... 환경(E), 사회(S), 지배구조(G) 같은 비재무적 성과도 중시하는 ESG라는 따뜻한 자본주의의 시대를 열어야 할 때이다." 라고 언급하였다. 또한 2021년을 '모두를 위한 기업 정신과 ESG 경영' 확산의 원년으로 삼고 더 많은 기업들이 참여하도록 힘껏 돕겠다고 하면서 지속가능경영보고서 공시제도를 개선하고, ESG 표준 마련과 인센티브 제공도 추진하겠다고 공표하였다. 민관 합동으로 대통령 직속 탄소중립위원회를 출범하여 기후변화 대응, 탄소중립 실현을 위해 산업계와 긴밀히 소통하고 협력할 것이라며 ESG와 더불어 새로운 자본주의 시대의 도래를 재촉하였다.

ESG 이전에는 기업의 주인은 기업에 출자한 주주였으며, 기업의 목적인 이윤을 극대화하는 것이었다. 이를 주주 자본주의(Shareholder Capitalism)이라고 하는데, 최근에는 이해관계자 자본주의(Stakeholder Capitalism)로 확장되고 있다. 즉 기업에 출자한 주주만이 기업의 주인일 수 없으며 기업에 종사하는 근로자, 종업원, 소비자, 협력체, 채권자, 지역사회 등 광범위한 이해관계자가 기업의 주인이라는 것이다.

이해관계자 자본주의는 유럽에서 쉽게 찾아볼 수 있다. 1920년 세계 최초로 법제화된 독일의 노사공동결정제도는 독일 노사관계의 핵심이다. 노동자가 경영자에게 기업 경영정보를 요구할 수 있고, 경영자는 주요 의사결정을 내리기 전에 노동자와 사전에 협의를 해야 한다. 심지어는 인사·노무 제도의 의사결정에도 노동자들이 참여하기도 한다. 스웨덴의 금속노조는 2006년 화학노조와 통합하여 약 44만 명의 조합원을 포괄한다. 1888년 건설된 이후 현재까지 조직체계, 임금교섭, 경영참가, 숙련형성에 주체적인 역할을 하고 있다. 또한 스웨덴은 대기업의 경우 3명의 노동이사를 두게 되어 있다.

위에 대표적으로 제시한 독일이나 스웨덴의 경우 해당 노동자들이 오래전부터 국가의 산업 경제에 막강한 힘을 갖추고 있기 때문에 현재까지 그 힘을 발휘해 올 수 있다. 그러나 창조적 파괴의 힘으로 자본주의의 대표 국가가 된 미국의 경우는 주주 자본주의에 깊은 뿌리를 두고 있다. 놀랍게도 이런 미국에서조차 자본주의의 변화 흐름을 보인다는 것이다. 가장 대표적인 선언은 바로 2019년 비즈니스 라운드 테이블(Business Round Table)에서 찾아볼 수 있다.

비즈니스 라운드 테이블은 애플, 아마존, JP모건, GM, 보잉 등 200개의 대기업 협의체로 기업의 목적에서 '주주가치의 극대화'라는 단일 문구를 삭제하기로 하였으며 새롭게 5가지 목적을 제시하였다. 새로운 기업의 목적은 다음과 같다.

- 고객에게 가치를 전달한다
- 종업원에게 투자한다
- 협력업체를 공정하고 윤리적으로 대우한다
- 지역사회를 지원한다
- 주주를 위한 장기적 가치를 창출한다

이 선언으로 미국에서는 드디어 주주 자본주의가 끝났고 이해관계자 자본주의가 시작된다면서 크게 떠들썩거렸다. 물론 앞으로 모든 크고 작은 기업들이 기업의 목표를 주주 자본주의에서 이해관계자 자본주의로 변경할 수는 없다. 자본주의라는 단단한 기반으로 인해 기업의 성패가 달려있기 때문에 그렇다. 실제 비즈니스 라운드 테이블 선언이 발표된 지 1년이 지난 시점에 하버드대학교 루시안 뱁척 교수팀의 조사 결과 당시 선언에 서명한 181개 기업 중 단 한 곳만 지배구조 지침 변경 안에 대한 이사회 승인을 받았다고 밝혔다.

　비즈니스 라운드 테이블 선언이 아무것도 불러오지 않은 것은 아니다. 전 세계적으로 ESG 자본주의로의 길목을 개척할 수 있도록 통찰력을 제공하였고, 실제 선언을 한 상위 20% 기업들이 하위 20% 기업들보다 실적이 약 4.7% 이상 좋았다. 당장 주주 자본주의에서 이해관계자 자본주의를 통해 최종적으로 ESG 자본주의를 실천하지 못하더라도 기업들은 각자의 위치에서 환경경영, 사회 책임, 지배구조개선의 노력을 기울일 수는 있다. 앞으로 계속해서 ESG 자본주의에 대한 움직임은 물 밀 듯이 발생할 것이다. 기업들은 재무적, 비재무적 가치를 통합하여 기업성장에 시너지 효과를 발휘하고자 준비에 만반(萬般)을 가할 필요가 있다.

ESG와 지속가능발전

UN은 2015년 9월 지속가능발전 정상회의(Sustainable Development Summit)에서 지속가능발전목표(Sustainable Development Goals, SDGs)를 채택하였다. SDGs는 기존 UN의 달성 과제였던 새천년개발목표(Millenium Development Goals, MDGs)의 후속의제로 빈곤퇴치, 불평등 해소, 일자리 창출, 경제성장, 지속가능한 발전, 기후변화 문제 해결 등을 주된 골자로 하고 있다. 지속가능발전의 이념을 실현하기 위한 인류 공동의 17개 목표로써, '2030 지속가능발전 의제'라고도 한다.

SDGs의 슬로건은 '단 한 사람도 소외되지 않는 것(Leave no one behind)'으로 인간, 지구, 번영, 평화, 파트너십이라는 5개 영역으로 세분화되며 인류가 나아가야 할 방향성을 17개 목표와 169개 세부

목표로 제시하고 있다.

　우리나라도 국제사회의 일원으로 책임을 지기 위해 한국형 지속가능발전목표인 K-SDGs를 수립하였다. K-SDGs는 모두가 사람답게 살 수 있는 포용사회 구현, 모든 세대가 누리는 깨끗한 환경 보전, 삶의 질을 향상시키는 경제성장, 인권보호와 남북평화구축, 지구촌 협력과 같은 5대 전략을 중심으로 구성되어 있다. 또한 SDGs와 같이 이를 실천하기 위한 17개 목표와 119개 세부목표, 236개의 지표들(제4차 기본계획 기준)을 설정하여 정부기관, 지자체, 시민단체, 전문가, 이해관계자 등 다양한 관점에서 전략적인 달성을 위해 노력하고 있다.

　기업이 지속가능하다는 것은 지구가 지속가능하다는 의미가 있고, 시장 경쟁에서 살아남는다는 의미도 가지고 있다. 특히 현대사회 및 4차 산업혁명을 기점으로 기업의 시장을 글로벌화되었다. 기업들은 이제 지역, 사회, 국가를 넘어 글로벌 시장에서 지속가능하기 위해 고군분투해야 한다.

　기업은 글로벌 시장에서 살아남기 위해 경영의 결실을 숫자로 제시한다. 이것이 바로 재무적 지표이다. 투자자들은 지속가능성이 높은 기업, 글로벌 시장에서 살아나갈 확률이 좋은 기업에 투자한다. 그런데 기업의 사회적 책임이 선명해지면서 몇몇 기업들은 더 많은 투자를 받기 위해 CSR 연례보고서를 제시하기도 한다.

최근에는 사회적 책임뿐만아니라 환경, 사회, 지배구조를 통해 기업의 지속가능성을 확인한다. 단순한 재무제표나 CSR 보고서만으로는 어떤 기업이 지속가능 경영을 잘하고 있는지 알 수 없기 때문이다. 기관 투자자뿐만아니라 주식투자자들도 상장된 기업 가운데 어느 기업이 재무적 성과뿐만아니라 비재무적 성과를 내고 있는지 확인하려는 시대이다.

세계적인 컨설팅 회사 맥킨지앤컴퍼니는 "투자자들은 지속가능 경영과 주주가치를 증명할 만한 정보를 갖고 있지 않다. 기업들은 이 관계의 명확성을 증명하지 못하고 있다. 이 때문에 수십조 달러의 움직임이 방해받고 있다."고 연구 결과를 제시했다.

이런 갈증을 시원하게 해결해주는 것이 바로 ESG이다. ESG는 기업의 지속가능성을 엿볼 수 있게 도와주는 비재무적 지표이다. 그리고 투자 기관들은 이제 ESG 지표들을 바탕으로 투자를 실시하고 있다.

실례로 지속가능성을 위해 미국의 투자기금, 환경단체, 민간그룹들이 결성한 비영리 연합체 세리스(Ceres)의 '기후변화 투자 네트워크 프로젝트'에는 총 11조 달러의 자산이 투자돼 있다. 글로벌 회계법인 EY의 최근 설문조사 결과, 기관투자자의 90%는 지속가능 경영의 핵심인 환경, 사회, 지배구조 요소(ESG)의 비재무적 성과를 투자의사결정의 핵심으로 고려한다고 응답하였다.

특히 SDGs의 17개 목표 중 5번째인 성평등 달성 및 여성역량 강화, 8번째인 경제성장 촉진 및 일자리 확보, 12번째인 지속가능한 소비와 생산, 13번째인 기후변화 대응은 기업의 ESG 경영과 연관성이 매우 깊다. SDGs의 해당하는 4가지 목표는 ESG의 지배구조 변화를 위한 여성임원 증대, 비재무적 정보 공시 강화, 책임투자 확대, 기업의 지속가능 사안들과 일맥상통한다.

목표5. 성평등 달성 및 여성역량 강화

이 목표는 여성차별 금지, 동등한 기회 제공, 여성 참여 확대, 여성의 역량 강화, 성평등 의무화에 대한 법안 제정 등의 세부목표를 가지고 있다. 유럽연합(EU)은 여성임원 할당제 의무화가 논의되고 있고, 미국에서는 비영리기관을 중심으로 여성임원 비율을 높이고 있다. 캐나다에서는 성평등 및 여성역량 강화를 하나의 투자지표로 삼아 기업이 여성권익을 향상하고 성평등을 지향하면 투자하는 SRI펀드가 출시되기도 하였다.

목표8. 경제성장 촉진 및 일자리 확보와 목표12. 지속가능한 소비와 생산

이 목표들은 지속가능한 경제발전 및 기업의 지속가능성 달성을 위한 것으로 세부목표로는 지속가능발전에 대한 기업의 전략과 비재무적인 정보를 공시할 수 있도록 권고한다. 2014년 유럽연합(EU)은

비재무적 정보 공시 의무화 지침을 통과시켰고, 회원국들이 이 지침을 자국 법에 적용시키도록 했다. 비재무적 정보에는 지속가능경영보고서, 사업보고서, 통합보고서가 있으며, 더 나아가 재무적 정보와 비재무적 정보를 통합하여 상호 비교하고 파악할 수 있도록 자료를 가공하여 줄 수 있다. 앞으로는 ESG투자에 따라 비재무적 정보를 다양한 방식으로 가공하여 제공할 필요가 있으며, 구체적이고 다양한 방식으로 자료를 제공할 때 투자자들로부터 긍정적인 의사결정을 받을 수 있을 것이다.

목표13. 기후변화 대응

이 목표는 기후변화 문제에 대한 조기 대응, 기후변화에 따른 영향 완화와 그에 대한 기업의 대처 능력 강화 등을 세부목표로 가지고 있다. UN의 기후변화협약은 1992년 브라질 리우 데 자네이루에서 열린 INC회의에서 채택되었다. 이후 전 세계적으로 진보적으로 논의되는 주제 중 하나로 자리 잡았으며, 2016년 파리기후변화협정에서 다시 한 번 국제사회가 뜻을 모았다. 기후변화는 십 수 년을 거쳐 온 국제 문제이며 파리협정에서 우리나라는 2030년까지 2017년 대비 온실가스 24.4% 감축 목표를 제시하였다.

SDGs의 여러 가지 목표들은 ESG 활동, 경영, 투자, 평가, 리스크 등과 직접적으로 연관이 되어 있기 때문에 이 둘을 통합적으로 이해하는 것이 필요하다. ESG 경영의 목표가 지속가능발전에 기여하는 의사결정을 하는 경영이라면 SDGs는 이미 글로벌 합의를 이끌어낸 목표이기 때문에 자연스럽게 둘은 아주 긴밀하고도 맞물리는 관계가 되는 것이다.

ESG의 한국형평가 모델의 필요성

　　금융투자협회의 2020년 보고에 따르면 2018년 글로벌 ESG 투자규모는 30조 6830억 달러, 한화 3경 7329조원이며, 2012년도 대비 3배가량 증가했다고 보고하였다. 국내 설정된 ESG펀드도 3,869억으로 2년 전보다 약 2.5배 이상 증가하였다. 세계 최대 글로벌 자산운용사 블랙록은 기후변화와 지속가능성을 2020년 투자 포트폴리오 최우선 순위로 삼겠다고 발표한 만큼 ESG 경영과 투자에 대한 중요성이 대두되고 있다. 국내에서는 한국투자공사, SK증권, NH투자증권, 이스트스프링자산운용, 신한은행 등이 ESG 투자를 활발히 진행하고 있는데, 이 ESG투자는 ESG평가를 바탕으로 진행하고 있다.

　　그러나 글로벌 ESG평가기관들은 하루에도 여러 곳이 생겨나고

있고, 평가 기관마다 기준과 요소가 모두 상이하여 받는 등급이 제각
각이다. 현재 세계적으로 ESG에 대한 평가지표는 약 600개 이상으
로 난립하고 있다.

기업명	모건스탠리캐피털 인터네셔널(MSCI)	레피니티브	한국기업지배구조원
삼성전자	A	91	A
현대자동차	B	74	A
기아	CCC	62	A
LG전자	A	90	B+
LG화학	BB	69	B
롯데쇼핑	B	49	A

[표] 주요 기업 ESG 경영평가 결과 (출처: 각각의 ESG 평가기관)

위 표에서 롯데쇼핑의 경우 세 평가기관의 등급을 나열하면 A, B,
49점이 된다. 딱 봐도 수준이 비슷하지 않으며, 정확한 가이드라인
이 없는 느낌이다. 평가 기관들은 평가요소들은 대체로 공개하고 있
지만 세부적인 평가 비중이나, 평가 절단점은 공개하고 있지 않다. 대
외비라는 것이 그 이유인데 실제 성과 평가를 위해서는 평가 목적과
절차를 구체적으로 공지하는 것이 필요이다. 또한 각 기관들마다 공
통된 합의점이 있는 것도 아니며, 더 나아가 ESG의 정의 및 개념이
정확하게 합의되지 않았기 때문에 그 파생된 평가 요소도 서로 다를
수 있다. 특히 한국만의 법, 제도, 문화, 사회적 현안을 반영하지 않은
ESG 지표는 투자자들의 잘못된 의사결정을 불러일으킬 수 있다. 이

에 한국형 ESG 평가 모델이 필요하다는 의견에는 대다수의 전문가들이 동의하고 있다.

국내에서는 여러 기관들이 ESG 표준 모델의 주도권을 확보하기 위해 경쟁에 나섰다. 한국형 ESG평가 모델을 정교하게 개발하여 보급하려는 발걸음이 빠르다. 법정 민간경제단체인 대한상공회의소는 산업통상자원부와 한국생산성본부 등과 함께 한국형 ESG 경영 성과 지표를 수립하는 작업에 착수하였고, 2020년 5월 산업통상자원부는 K-ESG지표의 첫 초안을 공개하였다. "국외 ESG 지표는 우리나라의 경영환경 및 특수성을 고려하지 않아 국내기업에 역차별을 야기할 가능성이 있다."고 말하면서 "K-ESG는 우리 업계의 ESG 평가 대응 능력 강화에 기여할 것"이라고 밝혔다.

분 류		세부 내용
정보공시 (5)	정보공시	지속가능경영 정보공개 방식, 사업장 범위, 목표 등
환경 (14)	환경경영 정책	환경정책 및 조직, 기후변화 대응 등
	환경경영 성과	친환경 비즈니스, 폐기물 배출량 재활용률 등, 환경경영 성과, 이해관계자 소통 등
	환경경영 검증	협력업체 환경경영 지원 등
	법규준수	환경법규 위반
사회 (22)	사회책임경영 정책	사회책임경영 전략 및 목표 등
	임직원	임직원 다양성, 채용 등
	인적자원관리	임직원 교육, 역량 개발 등
	근로환경	사업장 안전관련 사항 등

사회 (22)	인권	인권정책, 교육 등	
	협력사	공급망, 동반성장 관련 성과 등	
	지역사회	지역사회 사회공헌 참여 및 활동 등	
	정보보호	개인정보보호 현황 등	
	법규준수	사회 부문 법규 위반	
지배구조 (20)	이사회	이사회 다양성, 활동 등	
	주주	주주권리, 배당 등	
	소유구조	소유구조 등	
	윤리경영 및 반부패	윤리경영 및 반부패, 준법 현황 등	
	감사	감사기구 관련 등	
	법규준수	지배구조 법규 위반	

[표] 한국형 ESG(K-ESG) 평가지표 주요 내용(출처: 산업통상자원부, 2020)

한국경제신문은 한경 ESG 평가 모델을 연세대학교 IBS컨설팅 등과 공동 개발하였다. 환경(55개), 사회(29개), 지배구조(28개)에 더하여 부문별로 사회적 논란(34개)을 추가한 150여 개의 지표이다. 사회적 논란은 국내에서 중요하게 다뤄지는 이슈를 평가하는데, 예컨대 환경부문 지표에서 화학물질이나 유독가스 및 독극물 누출에 대한 이슈가 없는지 확인하는 것이다. 사회부문 지표에서 산업재해가 얼마나 어떻게 발생하였는지 등을 확인할 수 있다. 한경 ESG평가 모델은 환경과 사회의 비중이 높으며, 업종별 특성에 따라 서로 다른 지표를 잣대로 평가한다.

매경미디어그룹은 2021년 3월 성공적인 한국형 ESG 모델을 만들겠다며 ESG 민간협의체를 발족하였다. 경제단체 5곳, 금융단체 6

곳으로 구성된 이 민간협의체는 글로벌 ESG 경영 연구를 통해 한국형 성공 모델을 도출하기 위해 협력한다.

국민연금공단도 '국민연금이 함께하는 ESG의 새로운 길'이라는 책을 출판하면서 한국형 ESG 모델을 마련하겠다고 밝혔다. 국민연금의 ESG투자 확대는 장기 수익률과 안정성을 높여 국민 노후 자산을 수호하는 공단의 본질적 사명에 잘 부합한다며 국내 ESG 생태계를 활성화하겠다고 밝혔다.

한국경영자총협회는 삼성전자, 기아, SK, LG, 롯데 등 내로라하는 주요 기업 사장 급으로 구성된 ESG 경영위원회를 출범했으며, 각 사별로 ESG 전담 부서장이 참여하는 실무위원회를 통해 ESG 평가지표 마련에 속도를 내겠다고 하였다.

ESG라는 키워드의 등장에 국내 기관들이 신속하게 움직이는 것처럼 보이지만, 사실상 국내에서는 여전히 생소한 개념으로 존재하고 있으며, 아시아 지역에서도 ESG 도입이 늦은 편에 속한다. 이웃나라 일본의 경우 2018년 ESG 투자 자산 잔액이 2,700조에 달했다. 일본 기업의 ESG 채권 발행액도 2014년 338억 엔에서 2019년 8,454억 엔으로 5년간 약 25배가량 증가하였다. 중국은 30년간 약 100조 위안(1경 7,000억 원)을 친환경에 투자하고 2060년 탄소중립을 선언하면서 ESG 강자로 합류하고자 한다.

현재 존재하는 대표적인 ESG 평가기관은 모두 독립적인 방식으로 평가하고 있다. 또한 현재 참고하고 있는 평가 등급은 한국기업지배구조원을 제외하면 거의 글로벌 기관이 제공한 평가등급이다. 따라서 한국형 ESG 평가 모델 수립에 심혈을 기울여 국내 기관의 평가를 국내 실정에 맞게 할 필요가 있다. 더 나아가 글로벌 수준에서도 한국형 ESG 평가 모델을 유연하게 적용할 수 있도록 고려하면서 지표를 개발하는 것이 필요하다.

UN의 사회책임투자원칙(PRI)

2006년 출범한 사회책임투자원칙(Principles for Responsible Investment, PRI)은 환경, 사회, 지배구조 (ESG)와 같은 비재무적 요소들이 투자의사결정의 중요한 요소로 부각됨에 따라 이러한 이슈에 따른 리스크를 줄이고 장기수익을 달성할 수 있도록 개발된 세계적으로 인정받는 책임투자 네트워크이다. 이 원칙은 2004년 40여 명의 기관투자자들과 펀드매니저들에 의해 2004년 UN환경계획 금융부분(UN Environment Program Finance Initiative: UNEPFI)에서 처음 논의되었고, 약 2년 동안의 준비를 거쳐 2006년 출범하였다. 출범 당시 60여개의 기관과 약 5조 달러였던 PRI 가입 추이는 2020년 전 세계 3,700여 개의 기관투자가들과 103.4조 달러의 자산으로 그간 20배 이상 증가하였다. 사회책임투자는 6대 원칙은 다음과 같다.

[그림] UNPRI 서명 및 출범식 (출처: UNPRI 홈페이지)

1. 투자분석과 의사결정 과정에 ESG이슈를 적극 반영한다.

2. 투자 철학 및 운용원칙에 ESG이슈를 통합하는 적극적인 투자자가 된다.

3. 투자대상에게 ESG이슈에 대한 정보공개를 요구한다.

4. 금융 산업의 PRI 준수와 이행을 위해 노력한다.

5. PRI의 이행에 있어서 그 효과를 증진시킬 수 있도록 상호 협력한다.

6. PRI의 이행에 대한 세부 활동과 진행사항을 공개한다.

사회책임투자원칙은 6가지 원칙과 35개의 실천 프로그램으로 구성되어 있는데, 서명기관의 자발적인 준수를 통해 더욱 근본적인 도입과 적용 및 발전을 꾀하고 있다. 사회책임투자원칙에 서명하게 되면 다음과 같은 혜택을 받을 수 있다.

1. ESG이슈 반영을 위한 공통 프레임워크 제공

2. 세계 최대 기관투자가 포함, 타 서명기관의 우수사례 제시

3. 타 서명기관과의 협업 및 네트워킹을 통해 리서치 및 원칙 도입 비용 절감

4. 책임투자에 대한 적극적인 의지와 약속을 표명함으로써 얻는 명성적 이익

5. 서명기관 연례행사 참가

6. 책임투자 관련 활동에 대한 보고 및 평가의 표준 제시

사회책임투자원칙 서명 기관을 위한 PRI 사무국은 다양한 활동을 제공하고 있다. 온라인 데이터베이스 블로그(PRI in Implementation Blog)를 운영하여 전문가 인터뷰, 도서 리뷰, 이슈 요약 등의 자료를 제공한다. 서명기관 간의 주주행동 또는 인게이지먼트 정보를 공유하고 협법 제안을 할 수 있도록 인트라넷(PRI Engagement Clearinghouse)을 운영한다. 해마다 애뉴얼 이벤트(PRI in Person Annual Event)를 개최하여 서명기관들이 모여 PRI 도입 전략을 논의하고 네트워크를 맺을 수 있도록 장을 마련한다. 또한 서명기관들이 자체 평가할 수 있는 설문 양식(Reporting and Assessment Tool)을 개발하여 PRI도입 및 현황, 우수사례 공유, 문제점 및 발전방

향 도출, 보고서 발간, 타 기관들과의 비교분석 등을 제공한다.

UN의 사회책임투자원칙은 '재무적 위험과 실제 결과 간 가교를 구축하는 것'을 2021-24 전략 주제로 선포하였다. 이 전략은 코로나 19의 대유행, 환경 문제 및 심화되고 있는 사회적 불평등 등의 위기로 특정 지어지는 순간부터 시작되며, 환경, 사회, 지배구조 이슈를 적극적으로 고려한 서명 기관들의 투자 활동을 통해 재무 위험과 기회 및 실제 결과 사이의 다리를 구축하도록 한다.

가입기관이 많아지면서 책임투자에 대한 기준도 새롭게 갱신되고 있다. 최근 갱신된 새로운 기준에 따르면 서명기관들은 모든 관리 자산의 최소 절반 이상에 대해 책임투자 정책을 시행해야 한다. 또한 이를 이행할 임원 수준의 감독 책임자와 담당 직원을 두어야 한다. 또한 향후에는 전체 자산의 90%를 사회책임투자 원칙을 따르도록 요구하고 공개하거나, 자산 운용과정에서 관여(Engagement)와 투표(Voting) 실시를 의무화 할 것으로 보인다.

비재무적인 부분을 고려하여 보다 건설적인 방향으로 투자하라는 사회책임투자 원칙에 서명한 기관들의 자산을 모두 합하면 전 세계 운용자산의 3분의 2 수준을 웃돌 만큼 많다. 그만큼 UN의 사회투자책임원칙은 세계적인 투자 흐름을 주도하고 있다고 볼 수 있다. 국내 기관으로는 서스틴베스트, 국민연금공단, 후즈굿, 안다자산운용,

ESG모네타, 하이자산운용, 대신경제연구소, 프락시스 캐피털파트너스, 브이아이자산운용, 스틱인베스트먼트 등 10여 곳이 서명하였다.

최근에는 사회책임투자 기준을 충족하지 못하고, 2년간의 재평가 기회에도 부족함을 보인 5곳의 기관을 서명기관에서 탈락시켰다. 탈락 기관 중 규모가 가장 큰 곳은 프랑스의 우체국 금융자회사인 라방크 포스탈레의 민간은행부문 BPE로 5억 달러의 자산을 보유한 곳이다. 이처럼 자산규모에 상관없이 모든 서명기관에 까다로운 잣대를 대며 정확한 원칙준수를 지속적으로 요구할 것으로 보인다.

3장
우리의 삶과 ESG

MZ세대가 선호하는 ESG 소비

    MZ세대는 밀레니얼과 Z세대를 합친 단어이다. 밀레니얼 (Millennial) 세대는 1980~2000년생을, Z세대는 1990년대 중반 ~2000년대 중반 생을 일컫는다. 이 두 세대는 디지털에 익숙한 젊은 세대라는 공통점을 가지고 있다. M세대는 유명 연예인으로부터 영향을 받고 가성비를 따지는 평소 소비 패턴을 지니다가 가끔씩은 과감한 소비를 하기도 한다. 또한 부모님을 권위적으로 생각하는 면이 많다. 반면에 Z세대는 인기 유튜버들로부터 영향을 받고 디자인이나 포장을 따지는 소비 패턴을 보이며 쉽고 가벼운 소비 스타일을 지니고 있다. Z세대들은 부모님을 친구처럼 생각하는 경우가 많다.

    MZ세대들이 성인이 되가면서 젊은 소비층의 중심이 되고, 이들의 소비가 사회 경제에 점차 큰 영향을 미치기 시작했다. 미디어그룹 블룸버그 LP에 따르면 세계 인구의 63.5%가 MZ세대에 해당하고 세계 경제활동의 44.6%가 MZ세대에 해당한다. 심지어 MZ세대는 더욱 경제활동의 중심축이 되어가면서 앞으로 10~15년 동안 가장 큰 구매력을 가진 세대가 된다. 그렇기 때문에 MZ세대를 중심으로 하는 새로운 소비패턴의 등장은 공급시장의 변화를 이끌어 낼 수밖에 없었다.

MZ세대는 아이러니의 집합체다. 디지털에 능수능란하기 때문에 대부분의 쇼핑을 온라인으로 진행하지만, 오프라인에서 직접 체험하며 제품을 만져보고 느끼는 것도 선호하기 때문이다. 또한 최신 트렌드에 굉장히 민감하게 반응하지만, 그 트렌드가 개인의 취향과 특성에 따라 서로 다른 모습을 보인다는 점도 아이러니하다고 볼 수 있다. 이런 특징 때문에 MZ세대를 겨냥하는 소비는 짧게 지나가는 유행이 아닌 폭넓은 관점에서의 지속적인 트렌드를 반영해야 한다.

MZ세대의 가치소비를 반영하는 다양한 신조어들 중 하나가 바로 가심비이다. 가심비는 가성비로부터 출발한다. 가성비는 가격 대비 성능의 줄임말로써 소비자가 지급한 가격에 비해 제품의 성능이 얼마나 큰 효용을 주는지에 대한 경제용어이다. 2010년대 소비자들은 저렴한 가격으로 높은 효용을 얻고자 폭넓은 정보력을 바탕으로 꼼꼼히 비교하여 제품을 구매하였다. 그러다가 소비트렌드의 변화가 일어나면서 가성비에서 가심비로 소비 패턴이 바뀌었다. 가심비는 가격 대비 심리적 만족의 줄임말로써 가성비가 조금 떨어지더라도 나의 심리적 만족감이 높다면 과감히 지갑을 연다는 것이다.

한정판 신발, 명품 가방, 아이돌 굿즈 등 심리적 만족감을 높이기 위한 소비가 등장한 것이다. 이런 소비 패턴은 자기만의 개성을 드러내는 정체성의 표현으로 생각할 수 있다. 미국의 경영 컨설팅 펌 베인 앤컴퍼니는 밀레니얼 세대의 명품 시장 기여도가 35%이상이라고 발표하였으며, MZ세대의 명품 시장 기여도는 2025년에 60%를 웃돌 것으로 전망했다. 2020년 국내 명품 매출에서 MZ세대의 소비 비중은 50% 전후로 나타났다.

심리적 만족감을 높이는 소비는 여러 가지로 구분해 볼 수 있다. 순수하게 자신의 취미나 즐거움을 위해 합리적인 의사결정을 배제하고 의미에 소비하는 취미 관련 소비가 있다. 주로 아이돌이나 특정 인물, 캐릭터로 만들어진 굿즈가 대표적이다. 스트레스를 단기간에 해소하기 위한 시발비용에 해당하는 탕진 소비도 있다. 예를 들어 평소에는 버스나 지하철을 이용해 회사를 출퇴근 하다가 상사로부터 크게 꾸지람을 들은 날에는 충동적으로 택시를 타는 경우에 해당한다. 한편 사회의 일원으로서 지출을 통해 마음의 위안을 얻고 사회에 공헌한다는 의미에서 위안소비가 있다. 예컨대 내 관심사에 맞게 그린피스, 월드비전 등에 후원을 한다거나, 사회에 일부 비용이 공헌되는 제품을 구매한다거나 일반 제품보다 2~3배 비싸지만 친환경 제품을 구매하는 경우가 이에 해당한다.

프랑스의 광고 회사 크리테오는 MZ세대의 반 이상이 친환경 등 자신의 가치관에 맞는 소비를 한다고 발표하였고, 글로벌 마케팅 리서치 기업 칸타 월드패널은 MZ세대의 약 40% 이상이 사회적 이슈에 중요한 역할을 하는 브랜드에 소비한다고 밝혔다. 이처럼 MZ세대와 그를 둘러싼 현대사회의 소비트렌드, 소비구조, 소비신념이 ESG소비와 긴밀하게 연결된다는 것을 확인할 수 있다.

MZ세대는 초개인주의를 영위하면서도 각자 다른 방식으로 자신의 가치관과 신념을 사회에 소비로서 표현하고 있다. 친환경, 사회적 책임, 투명한 지배구조를 보이는 우수 ESG기업에는 더 큰 소비를 보이며 그렇지 못한 경우에는 가차 없이 불매운동을 이어간다. 특히 디지털 시대의 주역인 만큼 SNS를 중심으로 미담이나 악행을 주위와 적극적으로 공유하기 때문에 선행 기업에 대해서는 단체로 제품을 주문하여 서버를 마비시키기도 한다. 착한 기업을 돈으로 혼내주자라는 내용의 줄임말은 돈쭐(돈+혼쭐)은 MZ세대가 얼마나 온라인상에서 긴밀하게 연결되었는지를 잘 보여주는 신조어이다. 바이콧도 이와 같은 선상에서 만들어진 신조어이다. 불매운동을 뜻하는 보이콧(boycott)을 바이콧(buycott)으로 변형한 단어로 적극적인 구매운동을 뜻한다.

다국적 투자관리회사 블랙록의 래리 핑크 회장은 MZ세대 직원 중 60% 이상이 기업의 주목적을 이윤창출이 아닌 사회개선으로 인식한다고 언급하였다. MZ세대의 파급력과 적극적인 ESG 기반의 가치소비를 고려한다면, 기업의 입장에서는 심도 있는 ESG경영이 얼마나 중요한지 매번 되새길 필요가 있겠다.

가치와 신념을 행동으로 표현하는 ESG 미닝아웃

미닝아웃은 의미나 신념을 뜻하는 Meaning과 드러내기를 뜻하는 Coming Out의 합성어로, 개인의 취향과 사회 및 정치적 신념에 대해 솔직하고 과감하게 선언하고 표현하는 행위를 말한다. 서울대학교 소비트렌드분석센터에서 선정한 2018 소비 트렌드인 미닝아웃은 새로운 소비 패턴을 불러 일으켰다. 가격 대비 성능을 중시하는 가성비가 몇 년 동안 소비시장을 주도해왔는데, 이제는 자신의 신념과 가치에 따라 소비하는 미닝아웃이 새롭게 시장을 주도하기 시작하였다.

국내 한 앱의 MZ세대 미닝아웃 조사에 따르면 자신을 가치소비자로 인식하는 경우가 약 80%로 10명 중 8명은 자신을 가치소비자로 인식한다는 것이다. 또한 ESG활동 중 가장 관심이 있는 영역은 환경(E)이 65%, 사회(S)가 30%, 지배구조(G)가 5% 정도로 환경적 가치 소비의 비중이 크게 앞섰다. 실천하고 있는 친환경 활동은 리사이클링(재활용), 플라스틱 프리, 제로 웨이스트, 업사이클링(업그레이드 + 리사이클링의 합성어로, 쓸모없어진 물건을 새롭게 디자인하여 재활용 하는 방식), 비건(Vegan), 플로깅(이삭을 줍는다는 뜻의 스웨덴어 Plocka Upp(Pick Up)과 조깅(Jogging)의 합성어로, 조깅을 하며 쓰레기를 줍는 환경운동) 등 다양하게 나타났다.

친환경 활동과 더불어 친환경 소비도 적극적이다. 환경보호를 위해 친환경 포장을 사용한 상품이나 포장재를 줄인 상품에 관심을 더 많이 보이는데, 가격이 다른 상품에 비해 비싸더라도 자신의 가치를 실현하기 위해 이런 제품을 구매한다. 플라스틱을 줄이거나 플라스틱 대체품을 사용한 화장품 시장, 일회용 컵을 대체하는 텀블러 시장, 재활용한 소재를 활용한 리사이클 시장이 급속도로 성장세를 타는 배경에는 이런 가치소비에 대한 미닝아웃이 자리 잡고 있다.

최근 미닝아웃 소비를 소개할 때 대표적으로 등장하는 예시 중 하나가 바로 무라벨 생수이다. 환경보호를 위해 다양한 기업에서 무(無)라벨 생수를 선보였는데, 롯데칠성음료의 아이시스 ECO는 2020년 1,000만 개 이상이 판매되었고, BGF리테일의 편의점 자체브랜드 무라벨 생수는 20년 3월 대비 21년 3월 약 80%에 가까운 매출 증가를 보였다. 같은 기간에 전체 생수 매출이 전년 대비 20%가량 오른 것에 비하면 무라벨 생수가 약 4배 가까운 신장률을 보인 것이다.

더욱이 최근에는 포장을 없애거나 줄이는 방식에서 나아가 제품 자체를 친환경에 접목시키는 경우가 발생하고 있는데, 대표적인 것이 바로 대체육이다. 가축을 기르는데 들어가는 곡물과 사육 과정에서 발생하는 많은 양의 이산화탄소를 줄이는 데 친환경이라는 의의가 있으며, 그 외에도 가축 전염병, 기후 변화 문제 등과 아울러 환경 소비에 대한 가치를 실현하기 위해 대체육을 즐기는 MZ세대가 증가한 것이다.

미국의 식물성 대체육 판매는 최근 3년간 매년 평균 31%씩 증가하고 있으며, 경영컨설팅 회사 A.T. 커니에 따르면 2040년에는 전 세계 육류의 약 60%가 대체육이 차지할 것이라고 분석하였다. 더 이상 대체육 시장은 채식주의자들을 위한 시장이 아니며 환경, 동물복지 등의 미닝아웃 시장에 포함된 것이다. 국내에서는 노브랜드의 대체육 너겟인 노치킨 너겟이 한 달 반 만에 준비된 수량 20만 개를 완판시키면서 또 한 번의 MZ세대의 새로운 소비 패턴을 각인시켰다.

비건 바람은 화장품 시장에서도 뜨거운 관심을 받고 있다. 몇 년 전부터 국내 화장품 시장에는 클린뷰티가 대두되었는데 이는 유해 성분이 없는 깨끗한 화장품을 의미한다. 인체에 유해한 성분이 없기 때문에 사용감이 조금 떨어질 수 있으나, 동물성 성분을 사용하지 않고 동물 실험을 하지 않는 화장품들이 여기에 해당하기 때문에 MZ세대의 관심과 소비가 크게 증가하였다. 국내 화장품 유통업체인 올리브영은 클린뷰티 화장품 중 특정 유해 성분이 들어가지 않았으며 동물 실험을 하지 않았거나 친환경 패키지를 사용한 화장품에 엠블럼을 부여하였다. 올리브영에 방문한 소비자들은 이 엠블럼을 통해 클린뷰티 화장품을 손쉽게 구매할 수 있었고, 엠블럼을 받은 클린뷰티 브랜드들은 전년 동기 대비 약 200%에 가까운 매출 성장을 이룩하였다.

MZ세대의 미닝아웃은 주로 가치소비, 친환경, 농어촌 활성화, 동물복지, 공정무역, 나눔 연계, 착한소비, 업사이클링 등과 연계되어 확산되고 있다. MZ세대가 가지고 있는 가치와 신념을 소비로 표현하는 과정에서 가장 접근하기 쉬운 부분이 환경(E) 요소이기 때문이다. 물론 사회(S)나 지배구조(G) 영역에서도 가치 있는 소비를 실천한다. 합리적이고 효율적인 소비, 합법적이고 지속가능한 소비, 로컬소비, 나눔과 윤리를 지키는 기업에 대한 소비, 불법적인 기업에 대한 불매운동 등이 이에 해당한다.

MZ세대의 가치소비 비중은 앞으로 더욱 늘어나게 될 것이고, 세대를 아우르는 새로운 소비 트렌드로 명확하게 자리 잡을 것이다. 특히 소비문화와 밀접하게 관련되어 있는 환경적 요소는 앞으로 접목할 부분이 많을뿐더러 더욱 심각하게 고려될 대상이기 때문에 전략

적인 시각으로 미닝아웃 소비에 대한 자신의 관점을 점검해 볼 필요
가 있다.

그린워싱을 조심하라

그린워싱은 그린(Green)과 화이트 워싱(White Washing)의 합성어로 기업이 경제적 이윤을 목적으로 상품이나 용역의 친환경적 속성이나 효능을 허위·과장해 광고·홍보하거나 포장하는 등의 행위를 말한다. 그린워싱의 문제점은 이미 2010년대부터 증가하기 시작하였고, 최근 들어 ESG경영과 미닝아웃 소비 등 소비의 트렌드와 패턴이 친환경 중심으로 크게 변화하면서 그린워싱의 문제점이 더욱 대두되고 있다.

2010년과 2012년 환경산업기술원에서 실시한 조사에 따르면 친환경 제품 구매 경험은 약 40%에서 56%로 증가하였고, 2020년 한 환경단체의 조사에서도 80% 이상의 국민이 친환경제품을 구매할 의

향이 있다고 내비치는 등 친환경에 대한 관심과 소비행동이 늘고 있다. 그러면서 동시에 환경오염을 발생시키거나 실제로 친환경이 아니면서도 친환경 제품은 것처럼 마케팅을 하는 기업들의 홍보 행태도 크게 증가하였다.

2021년 4월 기준 친환경 마크를 받은 제품만 해도 18,000개가 넘는 것을 생각하면 기업과 소비자의 친환경에 대한 관심이 폭넓게 확산되었음을 알 수 있고, 거기에 따른 부작용도 크게 발생할 수밖에 없다는 것을 이해할 수 있다. 2012년 한국소비자원의 조사에 따르면 녹색관련 표시 제품의 46%가 허위·과장 광고이거나, 성분·수치에 관한 정보 없이 친환경관련 표시를 사용한 것으로 나타났다. 또한 마치 인증마크로 오해할 수 있는 비슷한 도안의 마크를 사용하는 등 친환경제품으로 위장한 사례가 상당히 많았다.

(단위 : 건, %)

	2010년			2012년		
	적합	부적합	소계	적합	부적합	소계
녹색표시	309 (49.8%)	312 (50.2%)	621 (100%)	376 (53.6%)	326 (46.4%)	702 (100%)
인쇄광고	29 (28.2%)	74 (71.8%)	103 (100%)	42 (68.9%)	19 (31.1%)	61 (100%)

[표] 녹색표시 그린워싱 모니터링 및 개선 (한국소비자원, 2012)

환경부는 2021년 녹색제품 구매지침을 구체적으로 규정하면서 녹색제품에 대한 법률 및 행정 사항을 정립하였다. 공공기관에서는 녹색제품 의무구매제 제도를 이행할 수 있도록 지원체계를 마련하고, 녹색제품을 정확하게 구매할 수 있도록 별도의 사이트를 개설하여 안내 자료를 배포하고 있다. 녹색제품은 저탄소 녹색성장 기본법에 따른 제품들로 환경표지제품, 저탄소제품, 우수재활용제품이 대표적이다. 무분별하게 생산되는 유사 친환경 인증마크들 사이에서 다음의 인증마크를 구별하는 것이 녹색제품 구매에 도움이 될 수 있다.

구분	환경표지제품	우수재활용(GR)제품	저탄소인증제품
근거법	환경기술 및 환경산업 지원법	자원의 절약과 재활용 촉진에 관한 법률	녹색제품 구매촉진에 관한 법률
대상제품인 증현황	사무용기기, 건설용자 재, 생활용품 등 169 개 제품군	폐지, 폐목재, 폐플라 스틱 등 17개 분야	생활용품, 건설용자재 등 52개 제품군
인증현황	4,549개 업체, 18,250 개 제품 ('21.04.30. 기준)	211개 업체, 243개 품 목 ('21.04.30. 기준)	51개 업체, 156개 제 품('20.06.30. 기준)
인증기관	한국환경산업기술원	자원순환산업인증원	한국환경산업기술원
홈페이지	el.keiti.re.kr	www.buygr.or.kr	www.epd.or.kr
도안			

[표] 환경표지 인증, 저탄소제품 및 우수재활용 인증제도 (출처: 환경부 자료 재구성)

2007년 캐나다의 친환경컨설팅 회사 테라초이스는 '그린워싱이 저지르는 여섯 가지 죄악들' 이라는 보고서를 발표하면서 언론의 주목을 받게 된다. 테라초이스는 2010년 1가지를 추가하여 7가지 죄악들을 제시하면서 환경성 조사를 실시하였는데 환경 주장을 한 1018개의 제품 중 95%의 제품이 1가지 이상의 죄악을 범한다고 발표하였다.

상충효과 감추기, 증거 불충분, 애매모호한 주장, 관련성 없는 주장, 유해상품 정당화, 거짓말, 부적절한 인증라벨이 바로 그 내용이다. 이런 그린워싱은 기업과 소비자 사이에 정보의 불균형으로부터 초래한다. 기업은 친환경에 대한 정보를 새롭게 조합하고 배열하면서 선택적 제시, 축소, 과장, 은폐를 통해 그린워싱을 하여 경제적 이득이나 기업 이미지 제고 효과를 본다. 따라서 기업의 투명성, 비재무적정보, 지속가능성 등에 대한 내용을 공개하고 평가한다는 점에서 ESG경영과 같은 맥락 안에 있다고 볼 수 있다.

아쉬운 점은 아직까지 그린워싱, ESG워싱에 대한 치열한 논쟁이나 정확한 잣대가 부족하다는 점이다. 2021년 환경부는 '환경기술 및 환경산업 지원법'을 발표하면서 그린워싱 방지를 위해 환경(E) 분야의 평가지표와 가이드라인을 마련한다고 밝혔다. 물론 이 가이드라인에도 허점이 발생할 수 있으나, 이런 적극적인 방안은 앞으로의 철저한 규제를 위해 필요한 과정이라고 본다.

구분	내용	사례
상충효과 감추기 (Hidden Trade Off)	상품의 친환경적인 몇 개의 속성에만 초점을 맞추고 다른 속성이 미치는 전체적인 환경 여파 숨기기	제작환경이 환경에 미치는 영향을 고려하지 않는 재활용 종이
증거 불충분 (No Proof)	라벨 또는 제품 웹사이트에 용이하게 접근할 수 있는 증거를 제시하지 않고 환경적이라고 주장	뒷받침하는 정보나 제3자의 인증도 없이 All Natural이라고 주장하는 샴푸
애매모호한 주장 (Vagueness)	문구가 정확히 무슨 의미인지를 알 수 없을 정도로 광범위한 용어 사용	무독성 Non-toxic이라는 문구가 무슨 뜻인지 알 수 없는 세제
관련성 없는 주장 (Irrelevance)	친환경적인 제품을 찾을 때 기술적으로는 사실이지만 관련성 없는 것을 연결시켜 왜곡	용기가 재활용된다는 표시를 하면서 앞에 Green이라는 용어를 사용해 마치 페인트 내용물이 Green인 것으로 연결시키는 페인트
유해상품 정당화 (Lesser of Two Evils)	전체 범주가 환경적이지는 않지만 다른 제품보다 친환경적인 요소를 적용하여 상품의 본질적인 측면을 덮어버림	유기농 담배, 녹색 해충약
거짓말 (Fibbing)	사실이 아닌 점을 광고하고, 취득하지 못하거나 인증되지 않은 인증마크를 도용	-
허위 라벨 부착 (Worshiping False Labels)	허위인증 라벨 사용을 통하여 실제 존재하지 않는 제3자 검증 또는 인증을 받은 공인된 상품처럼 위장	No BPA(유해물질 없음) 인증마크를 흉내 내 위장

[표] 그린워싱이 저지르는 7가지 죄악들 (출처: TerraChoice사 자료 재구성)

한편 최근 국내 화장품 용기를 둘러싼 뜨거운 논란이 있었다. 화장품을 구매한 한 고객이 화장품을 다 써서 용기를 갈라봤더니 안쪽이 플라스틱으로 이루어져 있었다는 것이다. 이 용기는 겉 라벨에 I'M PAPER BOTTLE (나 종이 보틀이야)이라고 쓰여 있다. 해당 회사는 홈페이지와 제품용기에 종이와 플라스틱을 분리해 버려야 한다고 안내하였으나, 혼란을 야기한 점에 대해서는 사과를 하였다. 온라인에서는 이 용기에 대해 상반되는 의견이 충돌하기도 하였다. 해당 제품은 그린워싱의 대표적인 예이며 전체가 종이로 이루어진 것으로 오해할 소지가 명확하다는 비판적인 의견이 있는가 하면, 기존 제품 대비 비용을 더 들여서 50% 이상의 플라스틱을 절감하고, 해당 플라스틱 용기는 무색의 폴리에틸렌 재질로 재활용률을 높였다는 점에서 완전히 그린워싱이라고 보기는 어렵다는 의견도 있었다. 페이퍼 보틀 이라는 이름을 강조하여 홍보한 점이 소비자들로 하여금 분노를 일으켰으나, 이런 이슈들을 바탕으로 정부의 그린워싱 규제 방안이 세워지고, 기업들도 자체적으로 윤리적인 제품 생산과 홍보를 하는 데 내부 지침을 명확히 세우는 데 디딤돌 역할을 할 것이다.

[그림] 논란이 되었던 화장품 용기 (출처: 구글 이미지)

개인의 삶과 ESG

　　사람은 혼자서 살아갈 수 없다. 태어나면서부터 가장 작은 사회인 가족에서 시작하여, 친인척, 또래집단, 학교 교실, 회사의 조직 등 다양한 사회 속에서 살아가게 된다. 또한 성인이 되면 국가 내 사회의 일원으로서 세금을 내며 국가를 지탱하고 국가의 부흥과 개인의 발전을 위해 맡은 바에 최선을 다하면서 살아가게 된다. ESG경영은 기업과 투자적 관점에서 더 많이 이야기 되는 주제이지만, 결국에 경영을 위해서는 경영자가 필요하고, 투자를 위해서는 투자자가 필요하기 때문에 개인의 삶과 떼어놓고 말할 수 없는 개념이다.

　　ESG경영이 대두된 이유는 개인으로서 살아가는데 사회문제를 직접적으로 맞닥뜨리기 때문이다. 환경오염, 일자리 부족, 양극화 등의 사회문제는 정부 차원에서의 규제로는 도무지 해결하기 힘든 내용들인데, 개인이 발 벗고 나서서 깊이 있게 관심을 줄 때 비로소 해결할 수 있게 된다. 기업의 사회적 공헌은 기업 차원에서 이미지 제고라는 가장 큰 이점을 얻게 되지만, 기업의 구성원은 사회적 공헌에 참여하면서 봉사하게 된 경험을 통해 삶의 가치를 얻을 수 있다. 수혜자의 경우에는 실질적인 도움을 받게 되며, 관련이 없는 일반인도 이러한 이슈를 바탕으로 개인이 할 수 있는 공헌을 시도하기도 한다.

올바른 ESG경영을 통해 기업이 투자를 받아 더욱 성장하게 되면 결국 소비자에게 그 수혜가 돌아가게 된다. 또한 소비자는 그런 이점을 긍정적으로 받아들이며 해당 기업에 더욱 가치 있는 소비를 하게 되는 선순환 구조가 만들어 지게 된다. 이미 기업은 저비용 고효율의 불변하지 않는 생산법칙을 탈피하기 시작하였다. 비용이 조금 들더라도 ESG요소들을 고려한 제품을 생산하기 시작하였고, 이에 발맞춰 소비자들은 개인의 가치와 신념에 따라 가성비에서 가심비, 더 나아가 나심비(자신의 심리적 만족과 행복 및 가치 실현을 위해서라면 고가의 제품에도 돈을 아끼지 않는 소비)를 바탕으로 한 소비 방식을 보인다.

한 예로 기업이 ESG경영을 위해 애써 노력하게 되면, 환경이 좋아져서 미세먼지가 개선되고, 결국 미세먼지를 막기 위해 구매하던 마스크 소비 비용이 사라지게 된다. 또 다른 예로 기업이 ESG 사회적 책임을 실현하기 위해 건강한 고용과 근로복지 혜택을 실천하여 근로자들의 안위를 높여준다면, 결국 근로자들은 내부고객으로써 자사 제품을 더 많이 구매하고, 주변에 홍보하는 효과를 얻을 수 있다.

자신과 전혀 관련이 없는 기업이라도, ESG경영을 잘 하는 기업에는 개인투자자로써 투자를 진행할 수 있고, ESG경영을 못 하는 기업에 대해서는 투자를 하지 않는 것도 개인이 삶에서 ESG를 실천하는 방식이 된다. 또한 가정에서 절전형 어댑터를 사용하여 전력 소비를 줄이고, 평소에 텀블러를 들고다니면서 일회용 컵 사용량을 줄이는 작은 일들도 모두 셀프ESG경영에 해당한다고 볼 수 있다. 현재는 MZ세대를 중심으로 셀프ESG경영이 시작되었으나, 앞으로는 전 세대에 걸쳐 행동하여 사회 공동체가 한 마음으로 움직일 필요가 있다.

혁명의 대명사에서 ESG의 선도자로 거듭나다

2018년 전 세계 탄소 배출량을 조사한 결과 중국은 112억 톤으로 1위를 차지하였다. 그 뒤를 이어 미국이 53억 톤, 인도 26억 톤, 러시아 17억 톤으로 이 세 나라를 다 합친 것보다 중국의 탄소 배출량이 많다. 경제대국으로 급속도의 성장을 보인 중국은 그만큼 기후 문제의 주범으로 많은 국가들로부터 질타를 받고 있었다. 그런 가운데 시진핑 국가주석은 2018년 UN총회에서 2060년까지 탄소중립 목표를 달성하겠다며 탈탄소 정책을 대외적으로 발표하였다. 약 6% 정도의 재생에너지 사용 비중을 2030년까지 20%, 2050년까지 60%로 올리고, 연간 500조 원 이상의 투자를 바탕으로 환경문제에 적극적으로 나서겠다는 것이다. 2021년 공산당 창립 100주년을 맞이하여 세 가지 정책 방향을 설정하였는데 그중 하나가 녹색 발전이다.

2030년까지 재생에너지 비중을 20%로 높이겠다는 지난날의 언급을 수정하며, 5년을 앞당겨서 2025년까지 실천하겠다며 구체적인 계획안을 내놓았다.

중국정부업무보고에서는 2030년까지 탄소피크(연간 총 탄소 배출량이 특정 기간 동안 최고치에 도달한 후 점진적으로 감소하는 것) 실현을 위한 액션플랜을 제정하고, 산업 및 에너지구조 최적화, 석탄의 효율적 이용과 신에너지 발전 및 안전이 확보된다는 전제 하에 원전을 적극적으로 발전하겠다고 하였다. 또한 환경보호 및 에너지절약과 관련하여 기업소득세 혜택범위 확대하고 신에너지 연구개발 촉진, 관련 산업 육성 지원한다. 에너지 이용권, 탄소배출권 거래시장 발전 가속화 및 에너지 소비 이중 통제제도도 보완하며, 그린 저탄소 발전 특별정책을 실시하여 탄소배출 감축 지원도구 설치 등의 탄소 피크 및 탄소 중립을 위한 구체적인 발전 방향을 제시했다.

중국의 탄소중립은 환경보호, 에너지 독립 실현, 청정에너지와 친환경 그린산업 혁신 및 발전 유도, 지속가능한 경제를 중심으로 발전하고자 한다. 중국 전역의 19개성(시)에서는 각각의 지역적 특성에 맞게 탄소중립 행동방안을 발표하였고, 지역 정부는 탄소배출권거래제도를 통해 2,225개의 전력회사들에 오염배출 상한선을 정하고 배출 한도를 초과할 경우 배출량이 적은 회사로부터 할당량을 구입할 수 있게 하였다. 이는 현재 중국 내 전력의 60% 가량이 석탄으로 공급되고 있다는 점에 대한 경고와 강력한 대안이 될 수 있다.

우리나라가 K-ESG 지표를 개발하기 위해 정부 차원에서 적극적인 논의를 지속하는 가운데 중국의 CN-ESG 평가 시스템이 주목받고 있다. 중국경제정보원은 핑안 그룹(중국 내 최대 보험사)과 함께 중국형 ESG지표인 CN-ESG를 발표하였다. CN-ESG는 10가지 이상의 테마, 130개의 지표, 350개의 데이터 포인트, 40개 이상의 산업 리스크 및 기회 매트릭스 지표를 통합한 평가 시스템이다. 아직까지 G(지배구조) 부분에서 여성임원 할당에 대한 내용이나 S(사회) 부분에서 근로자 근무여건 개선과 같은 내용에서는 글로벌 ESG 평가 기준에 부합하지 않는 내용이 많아서 중국형 ESG지표에 대한 논란이 있으나, 일단 지표가 개발된 이후에는 계속해서 수정 보완할 수 있기 때문에 K-ESG를 개발하는데 많은 참고를 할 수 있을 것이다.

2021년 4월 시진핑 국가주석은 바이든 미국 대통령이 주최한 기후변화 정상회담에 참석하여 자체적인 행동 계획에 따라 기후변화 문제에 적극적으로 대응해 나갈 것을 주장했다. 또한 같은 달에 진행되었던 독일과 프랑스 정상과의 화상회의에서도 기후변화 대응이 인류 공통의 관심사이며 지정학적 협상 카드로 사용하거나, 타국을 공격하는 빌미로 삼거나, 무역 장벽의 명분으로 삼아서는 안 된다며 여러 나라가 세계 수준의 협의체를 두고 가치나 체계, 절차를 준수하고 조율하는 다자주의의 중요성을 강조하였다.

한편 글로벌 ESG 투자자산 규모는 2014년 20조 달러에서 2030년 130조 달러로 약 6배 이상 성장할 것으로 예상된다. 따라서 ESG의 글로벌 주도권을 쟁탈하기 위한 미국, 중국, EU의 움직임은 눈여겨 볼만하다. 천문학적인 자금이 ESG투자로 연결되면서 중국도 ESG 전략에 적극적인 행보를 보이면서 또 한 번 ESG혁명을 이룩하고자 한다.

구분	중국	미국	유럽(EU)	한국
탄소중립	2060년	2050년	2050년	2050년
연평균 친환경 투자	560조원	187조원	130조원	15조원
ESG 펀드 규모	21조원	200조원	1,300조원	1.3조원

[표] ESG 글로벌 주도권을 잡기 위한 국가별 투자수준

기업의 생사를 좌지우지하는 ESG

ESG경영이라는 단어는 일반 사람들에게는 익숙하지 않지만, 삶의 현장에서 자신도 모르게 체득하는 ESG경영을 느끼는 것에는 익숙하다.

몸소 체험한 경험에 대해서는 즉각적인 반응을 보이게 되며, 소비자로서 해당 기업의 제품을 구매하지 않게 되기 때문에 기업은 즉각적인 타격을 입게 된다. 그렇기 때문에 기업은 ESG경영을 위해 세심한 노력을 기울일 필요가 있다.

특히 기업은 환경, 사회, 지배구조의 3가지 핵심 요소를 모두 고려해야 하며, 한 가지 부분이라도 미흡하거나 문제가 생길 경우, 경영자의 사임이라는 극단적 선택까지도 불러오게 된다.

기업들이 ESG경영을 하는 이유는 지속가능한 기업의 성장이라는 목표를 가지고 있다. 기업이 지속적으로 성장하기 위해서는 고객들의 소비가 필수불가결하다. 따라서 많은 기업들이 친환경제품임을 파악할 수 있는 용기, 포장, 디자인을 선택하고 있으며 친환경 서비스를 위해 고객 스스로가 불편함을 감수할 수 있도록 요청하고 있다.

카카오는 그린디지털 캠페인을 통해 공유 전기자전거 서비스, 전기차 보급 활성화 협업, 친환경 자체 브랜드 론칭, 제로 웨이스트 상품 출시, 전자문서 서비스, 전기차 충전장치 스타트업 투자 등의 활동을 통해 사람들에게 친환경 기업이라는 이미지를 심어줄 수 있었다.

이케아는 2009년부터 25억 유로를 재생에너지에 투자하고 있으며, 14개 국가에서 70만개 이상의 태양광 패널을 가동하고 있다. 효율적인 에너지 사용으로 기후변화, 화석연료 등에 긍정적인 영향을 끼치고자 LED 전구를 적극적으로 판매하였으며 2010년 이후 전 세계적으로 누적 2,300만 개를 판매하였다. 2030년까지 모든 제품을 재활용 소재나 재생가능 소재로 만들고, 이미 60% 이상이 재생가능 소재로 만들어 지고 있다. 특히 이케아 코리아는 한국+스웨덴 녹색전환연합을 출범하여 녹색회복과 탄소중립 실현을 위한 다양한 활동을 펼치고 있다. 이런 지속적인 친환경적 경영으로 이케아 코리아는 2021 대한민국 에너지효율·친환경 대상에서 환경부 장관상을 수상하였다.

한편 플라스틱 쓰레기 집계 운동 BFFP(Break Free From Plastic)는 2020년 플라스틱 오염 유발 기업 10위를 발표하였다. 전 세계 자원봉사자들이 플라스틱 폐기물 약 35만개를 수고하였고 식별 가능한 60% 브랜드에 대해 집계를 하였다. 1위의 오명은 코카콜라가 가져갔으며 51개국에서 13,834개의 폐기물이 발견되었다. 이런 발표는 해당하는 기업에게 큰 타격을 준다. 무엇보다 매출 감소에 직접적인 영향을 줄 수 있고, 소비자들은 해당하는 문제에 대해 기업이 빠른 시일 내로 해결책을 내놓기를 기대한다. 코카콜라는 결국 불명예를 씻기 위해 종이병 과일탄산음료 아데즈(Adez) 시제품을 출시하였다. 아직은 플라스틱 뚜껑과 함께 내부에 식물성 플라스틱이 소량 포함되어 있어 완벽한 친환경 용기는 아니지만, 계속해서 100% 종이병을 개발하는 것을 목표로 하고 있다.

[그림] 2020년 플라스틱 오염 유발 기업 10위 (출처: BFFP, 2020)

[그림] 코카콜라 종이병 탄산음료 아데즈(좌), 칼스버그 종이병 맥주(우) (출처: 구글 이미지)

한편 친환경 제품이나 포장을 기획하였으나 소비자의 구매까지 이어지지 않은 경영 실패 사례도 존재한다. 제일제당(CJ)의 경우 1997년 맑은 물 이야기라는 친환경 섬유유연제를 출시한다. 피부보호성분 ADAO를 함유하였으며, 세제찌꺼기가 없고, 헹굼 물이 깨끗하다는 것이 특징이었다. 그러나 섬유 유연제에서 가장 중요한 요소인 향에 대한 불만이 있었고, 친환경적으로 제작한 내용물이 투명하여 생수로 오인하게 되어 위험요소가 있다는 점, 리필제품의 경우 재질을 얇게 만들었으나, 진열시 칙칙해 보인다는 점 등에서 소비자의 구매를 이끌어 내지 못하고 얼마 지나지 않아 사라지게 되었다.

사회(S)부문

사회부문은 대표적으로 CSR(기업의 사회적 책임)경영, 사회공헌 캠페인의 성공사례와 실패사례로 나눠 살펴볼 수 있다.

국내에서 CSR 성공사례로 가장 많이 언급되는 기업 중 하나가 바로 유한킴벌리이다. 유한킴벌리는 화장지나 생리대 등을 생산하는 제조사이다. 홈페이지에는 지속가능경영이라는 카테고리를 가장 상단에 배치하면서 사회공헌의 추진방향을 공유하고 주요활동을 소개하면서 사회책임을 적극적으로 홍보하고 있다. 그중 1984년부터 지속적으로 추진하는 숲환경 캠페인 '우리강산 푸르게 푸르게'는 나무 심기, 숲가꾸기, 도시숲, 학교숲, 숲보전운동, 그린캠프, 산촌학교 등을 통해 현재까지 500만 그루 이상의 나무를 심어오고 있다. 무엇보다 자신들의 사업 영역과 관련된 사회 공헌 활동을 일관성 있게 지속해오고 있으며 실천에 대한 적극적인 투자지원을 제공한 것이 성공적인 CSR 경영사례로 손꼽히게 만든 주요 원인이 된다.

또 다른 성공사례는 현대자동차의 공헌 활동을 들 수 있다. 유한킴벌리와 마찬가지로 기업의 사업 영역과 연결시켜 어색하지 않게 전문성을 살리며 6개 무브(move)를 설정하여 효과적인 사회공헌 사업을 전개하였다.

해피 무브
과학영재 육성을
위한 캠페인

세이프 무브
어린이 교통안전을
위한 캠페인

그린 무브
지속가능한
성장을 위한 캠페인

이지 무브
교통약자의 이동편의
증진을 위한 캠페인

드림 무브
미래 세대의 삶의 질을
높이는 자립 지원 캠페인

넥스트 무브
사업역량을
활용한 사회공헌 캠페인

[그림] 현대모비스의 핵심사회공헌 활동 (출처: 현대모비스 홈페이지)

실패한 사회공헌 캠페인으로는 배달의민족의 고마워요 키트를 예시로 들 수 있다. 배달의 민족에서는 수고하는 배달기사를 응원하기 위해 간식을 전해주는 문고리용 간식 가방을 앱 이용자들에게 나눠주는 이벤트를 실시하였다. 물론 키트에는 1회분 간식이 포함되어 있었고, 그 외에도 문 앞에 붙여놓는 메시지 스티커 배달음식을 놓을 수 있는 매트 등 실용적인 제품이 함께 들어있었다. 그러나 소비자들은 "기업에서 제공해야 하는 복지를 왜 소비자에게 전가하느냐"는 불만을 거론하면서 냉랭한 반응을 보여 캠페인 시작 6시간 만에 이벤트를 종료하게 된다.

KFC의 버킷 포 더 큐어(Buckets for the Cure) 캠페인도 실패한 사회공헌 캠페인으로 볼 수 있다. KFC의 치킨버킷을 구매하면 50센트씩 유방암 재단에 기부한다는 캠페인이었다. 그러나 소비자들은 "유방암의 원인 중 하나가 지방인데, 치킨 상자에 이런 아이러니한 캠페인을 하는 것은 앞뒤가 맞지 않는다"며 반감을 불러일으켰다.

스타벅스의 레이스 투게더(race together) 캠페인은 인종차별을 드러내놓고 논의하여 사고의 전환을 통해 인종차별을 줄이고자 하는 사회공헌 캠페인이었다. 그러나 정작 회사 임원 가운데 백인이 아닌 사람은 3명밖에 없다는 점이 지적받아 1주일 만에 캠페인을 마치게 된다.

[그림] 스타벅스 레이스 투게더(좌), KFC 버킷 포 더 큐어(우)

특히나 지역주민들에게 제공하는 사회적 공헌 활동은 기업의 이미지 개선을 위한 위선적인 행동으로 받아들일 수 있어 매우 조심스

럽고 신중하며 진정성을 갖고 진입해야 한다. 지역주민들은 또 한명의 소비자이며, 소비자는 기업의 목적이 이윤 창출이라는 사실을 너무나 잘 알고 있기 때문이다. 따라서 지역사회에 대한 공헌활동을 개진할 때에는 정당한 활동을 진정성 있게 시작하며, 장기간 꾸준하게 진행하는 사업을 기획하는 것이 좋다.

사회(S)부문 중 인권과 관련해서도 유명한 실패 사례로 나이키 인권침해 사건을 들 수 있다. 1996년 발생한 사건으로 남아시아 하청공장에서 주당 60시간 이상의 노동을 요구하고, 작업 중에는 화장실에 가거나 물을 마시지도 못하게 하는 등 심각한 인권문제가 발생한 사실이 있었다. 이 때 나이키는 이를 적극적으로 수용하고 사죄하지 않으며 오히려 해당 국가에 일자리 창출과 경제성장에 기여했다는 입장을 보여 불매운동이 시작되었고, 이듬해 매출의 37%가 대폭 감소하기도 하였다.

국내에서는 남양유업 사건을 들 수 있다. 1964년 설립되어 분유, 우유, 유가공품 분야에서 차분히 매출을 늘려 2009년 연 매출 1조원을 넘기고 2012년 1조 3650억으로 승승장구 하였으나, 치즈, 우유, 요구르트 담합으로 과징금 처벌을 받게 되고 부당 광고와 대리점 제품 강매 등 불공정 행위가 다수 적발되면서 소비자의 불매운동이 시작된다. 그럼에도 불구하고 경쟁사 제품 첨가물을 해로운 것으로 홍보한다거나, 여직원 인사처우에 대한 차별, 경쟁사를 대상으로 허위

비방글 게시 등 끊임없는 비윤리적 행태에 결국 2020년 9489억 매출로 1조원 클럽에서 내려오게 된다. 또한 국내 한 사모펀드에 모든 경영권을 넘기는 것으로 가업의 종지부를 찍게 되며 CSR과 ESG 리스크 관리에 대한 실패사례로 손꼽히게 된다. 실제 2016년 남양유업은 한국기업지배구조원으로부터 지배구조(G)부분에서 가장 낮은 등급인 D등급을 받았다.

지배구조(G)부문

2019년 KT&G는 한국기업지배구조원으로부터 지배구조 부문 대상을 수상하며 모범 사례로 꼽혀 우수기업으로 선정되었다. KT&G는 이사회가 전문성과 독립성을 갖추었다는 점에서 높은 평가를 받았다. 대표이사 1인, 사내이사2인, 사외이사 6인으로 이 중 사외이사는 세무전문가, 회계전문가, 재무전문가 등으로 고루 구성되어 있다. 최우수상을 받은 S-Oil은 3개년 기업 지배구조 강화 로드맵을 마련하고 여성 사외이사를 매년 선발하면서 성별의 다양성을 보장한 점에서 높은 점수를 받았다. 한국기업지배구조원은 대표적으로 5가지의 가이드라인을 제공하면서 기업의 지배구조 개선을 유도하고 있다.

1. 기관투자자의 의결권 행사 가이드라인
2. 이사회 평가 가이드라인
3. CEO 평가 가이드라인
4. 보상위원회 가이드라인

5. 이사회 운영 가이드라인

또한 LG경제연구원은 2003년 '100점 기업지배구조를 실현하기 위한 10가지 조건' 보고서에서 다음과 같은 사항을 제시하였다.

1. 중립적인 사외이사
2. 이사회의 경영 감시 및 견제
3. 자질 있는 이사회
4. 이사회의 전략적 활동
5. 성과주의 보상체계
6. 엄격한 인센티브 규정
7. 독립적인 감사인
8. 엄격하고 투명한 회계원칙
9. 전사적 위험관리와 내부통제
10. 신뢰할 수 있는 커뮤니케이션

기업 지배구조의 실패사례로는 로얄아홀드가 대표적이다. 아홀드는 세계에서 가장 큰 국제적 소매 잡화 및 식품서비스기업이었다. 2000년 전후로 전성기를 맞이하였고 매출은 약 70조 원에 달했다. 전 세계적으로 27개국에 25만 명의 종업원을 두고 있었다. 아홀드는 전문경영인을 통해 내외부적으로 꾸준히 성장하였고 1989년부터 2003년 사이 97개의 회사를 인수하면서 공격적으로 성장하였다.

그러나 큰 손실을 본 해에 아홀드는 사업보고서 결과공시를 지연시키거나 회계를 조작하였고, 공급업자 리베이트와 관련된 사기, 계약 의무사항을 숨기는 등의 행동을 통해 주주의 권리를 보호하지 않았고, 공시도 제대로 지키지 않았다. 결국 감독이사회는 당시 CEO와 CFO의 사임을 발표하게 된다.

아홀드는 1887년 설립부터 1948년까지 비공개 가족기업이었으며, 2001년 전문경영인이 경영할 때에도 설립자 우선적 주식, 감독이사회의 막강한 권리를 정관에 등재하는 등 완전한 통제권을 가졌다. 이런 지배구조는 주주의 의결권을 없애 주주의 경영진 감시능력을 무용지물로 만들어 버린다. 특정한 주거래은행을 고수하면서 경영진의 불량한 전략과 실행이 진행되었으나 내외부의 경영진 감시 요소가 부재한 지배구조를 가지고 있었기 때문에 빠른 몰락을 가져오게 된다.

국내기업의 지배구조 문제점은 기업경영실적을 파악할 만한 회계자료가 투명하지 않다는 점, 내부지분율이 높은 점 등으로 나타났다. SM엔터테인먼트는 한국기업지배구조원으로부터 지배구조(G) 등급에 대해 2018년 C등급을 받았고, 2020년에는 더 낮아진 D등급을 받았다. 최대주주 이수만이 SM 등기임원이 아니라 개인 사업체를 통해 연간 100억 원 이상을 지급받는 자기 거래 구조로 형성되어 있으며, 현재까지 내로라할 개선책이 없다는 것이 그 이유로 분석된다.

국민에게 존경받는 ESG기업이 장수한다

기업들은 앞 다투어 ESG평가에서 좋은 등급을 받기위해 고군분투 한다. 대기업을 중심으로 ESG신설부서가 재빠르게 생겨났고, 국내 ESG평가 체계를 분석하여 환경, 사회, 지배구조 경영에서 부족한 환경을 개선하고 있다. 기업이 이런 움직임을 보이는 것을 결국 지속가능경영을 실현하는 사랑받는 기업이 되기 위해서이다.

한국기업지배구조원은 2020년도 ESG 등급을 발표 및 분석하였다. 2020년 1월, 4월, 7월에 분기별 등급 조정을 발표하여 10월 최종등급을 부여하였는데 전반적으로 등급이 상향조정되는 모습을 포착할 수 있었다. A+, A 등급은 6.4%p 증가하였고, C, D 등급은 5.4%p 감소하였다. 이런 결과는 전체 기업이 ESG경영에 관심을 갖고 있으며 실천을 통해 등급을 향상시키고 있다고 볼 수 있다.

등급	2019년	2020년	증감
S	0%	0%	-
A+	1.1%	2.1%	▲ 1.0%p
A	6.7%	12.1%	▲ 5.4%p
B+	18.1%	17.6%	▽ 0.5%p
B	34.7%	34.7%	▽ 0.5%p
C	35.7%	31.1%	▽ 4.6%p
D	3.8%	2.9%	▽ 0.9%p

[표] 2020년 ESG 등급 부여 현황 (출처: 한국기업지배구조원, 2020)

A+등급은 환경, 사회, 지배구조의 모범규준이 제시한 지속가능 경영 체계를 충실히 갖추고 있으며, 비재무적 리스크로 인한 주주가치 훼손의 여지가 상당히 적은 경우를 말하는데, 다음과 같은 16사가 선정되었다.

두산	SK네트웍스	S-Oil	SK텔레콤
풀무원	케이티	효성첨단소재	포스코인터내셔널
신한지주	KB금융	BNK금융지주	DGB금융지주
JB금융지주	효성화학	효성티앤씨	SK

[표] 2020년 ESG A+ 등급을 받은 기업 (출처: 한국기업지배구조원, 2020)

한편 한국능률협회컨설팅에서는 한국에서 가장 존경받는 기업 (KMAC: KOREA'S Most Admired Companies) 인증 제도를 운영하며 기업 전체의 가치영역을 종합적으로 평가하여 조사결과를 발표하고 있다. 이는 전체 산업을 망라한 국내 기업 중 30대 기업을 선정하는 All Star 조사와 산업별 경쟁구도를 고려한 산업별 1위 기업을 선정하는 방식으로 진행되며 산업계 간부, 애널리스트, 일반 소비자를 포함하여 약 1~2만 명 수준에서 조사를 실시한다.

　조사항목으로는 지속적인 혁신능력(변화적응을 위한 혁신성 및 경영진의 경영능력)과 주주가치(재무건전성/자산 활용), 직원가치(인재육성/복리후생), 고객가치(제품 및 서비스의 질/고객만족활동), 사회가치(사회공헌/환경 친화 및 윤리경영), 이미지가치(신뢰도/선호도)로 구성되어 있다. 이런 항목들은 ESG와 긴밀하게 연관되어 있다.
　예를 들어 사회가치 중 환경 친화는 환경(E)부문에, 혁신능력이나 직원가치의 경우는 ESG의 사회(S)부문에, 주주가치는 지배구조(G)부문과 연관된다.

　결국 한국능률협회컨설팅의 한국에서 가장 존경받는 기업 조사방식이 ESG경영과 별개로 구분되지 않는 다는 것을 확인할 수 있으며, 반대로 기업은 국민으로부터 존경받는 기업이 되기 위해서는 이윤창출이라는 1차적 목표를 넘어서서 다차원적인 ESG경영을 이룩해야 한다는 점을 확인할 수 있다.

　다음은 2021년도 All Star 기업으로 선정된 기업들이다.

순위	기업명	순위	기업명
1위	삼성전자	16위	한국전력공사
2위	LG전자	17위	LG생활건강
3위	현대자동자	18위	신세계백화점
4위	유한양행	19위	삼성화재해상보험
5위	유한킴벌리	20위	S-OIL
6위	카카오	21위	서울아산병원
7위	포스코	22위	이마트
8위	LG화학	23위	삼성물산
9위	SK하이닉스	24위	삼성생명보험
10위	네이버	25위	SK이노베이션
11위	SK텔레콤	26위	셀트리온
12위	인천국제공항공사	27위	삼성SDI
13위	신한은행	28위	풀무원
14위	신한카드	29위	CJ제일제당
15위	KT	30위	인텔코리아

[표] 2021년 All Star 30대 기업 (출처: 한국능률협회컨설팅 홈페이지 자료 재구성)

국민에게 존경받는 All Star 30대 기업 중 10개 기업(삼성전자, 유한양행, 유한킴벌리, 포스코, 현대자동차, LG전자, 삼성생명보험, 신세계백화점, 이마트, SK텔레콤)은 조사가 제정된 2004년도부터 18년 연속 All Star 기업에 선정되었다. 또한 All Star에 10회 이상 선정된 기업은 모두 22개 기업이다. 이런 조사결과의 특징을 고려하면 국민에게 존경받는 ESG기업이 장수한다는 근거자료가 된다.

한국기업지배구조원의 2020년 ESG A+등급을 받고 2021년 한국능률협회컨설팅의 All Star 30대 기업에 모두 선정된 기업은 S-OIL, SK텔레콤, KT이며, 계열사를 포함한다면 두산, 포스코, 신한지주, SK까지도 포함될 수 있다.

정확한 인과관계를 명시하는 것은 닭이 먼저냐, 달걀이 먼저냐의 오류를 범할 수 있다. 그러나 두 가지 모두를 아울러 해석한다면 국민들이 특정 기업을 존경하기 때문에 해당하는 기업이 그 자리를 지키고자 경영관리에 철저하여 성장하는 것일 수도 있고, 다시 ESG경영의 선두에서 모범을 보이기 때문에 국민들이 해당 기업을 존경하는 것일 수 있다. 어찌 되었든 고객-기업-고객의 선순환이 장기적인 상생을 이끌어 낸다는 것에는 의심의 여지가 없다.

코로나 팬데믹 이후 더욱 중요해지는 ESG

2019년 11월 중국에서 최초 보고된 코로나19는 2021년 1월 전 세계 누적 확진자 1억 명을 돌파하였고 2021년 8월 2억 명을 돌파하였다. 이로 인해 2020년 3월 세계보건기구(WHO)는 코로나19에 대한 팬데믹을 선언하였다. 팬데믹은 전염병이 세계적으로 대유행 하는 상황을 일컫는 말로 전염병 경고단계 중 최고 위험등급을 말한다. 백신이 개발되고 전 세계로 보급화 됨에도 불구하고 종식 기한을 특정하기는 어려운 가운데, 위드코로나(코로나와 함께) 시대를 견뎌내기 위한 기업의 노력과 포스트코로나(코로나 이후) 시대를 맞이하기 위한 기업의 전략이 매우 중요한 시기이다.

코로나19로 인해 중소기업들이 직격탄을 맞으면서 사회 경제적 활동을 멈추었지만, 반대로 대기업들은 자본력을 바탕으로 멈춰있는 사회를 위해 공헌 활동을 확장하기도 하였다. 코로나19로 인해 환경 경영의 중요성을 다시 한 번 깨달았고, 직원 복지를 위해 재택근무, 유연근무제, 탄력근무제, 백신휴가 등을 새롭게 규정하였다. 코로나 19로 인해 많은 어려움이 발생했지만 역설적으로 ESG경영의 중요성이 대두되었다. 코로나19는 지금까지 경험하지 못한 전 세계적인 변화를 불러일으켰는데 코로나19의 직간접적 원인이 되는 환경에 대한 부분은 말할 것도 없다. 기업이 얼마나 환경경영, 녹색경영을 실천하고 있으며, 그로 인해 사회적 공헌의 비중이 얼마나 되고, 내부적으로는 투명한 지배구조와 조직문화를 가지고 있는지를 아울러 확인하는 시간이 된 것이다. 이로 인해 수많은 기업들이 ESG지표에 대해 좋은 평가를 받기 위해 새로운 경영환경을 준비하고 도전적으로 추진하기 시작한 것이다.

2021년 서울 버스의 광고판에는 ESG의 중요성을 알리는 책의 홍보가 실려 있고, 지하철이나 빌딩 옥간판에서도 ESG와 관련된 홍보 광고를 찾아볼 수 있다. ESG는 이미 오래전부터 언급이 되어 왔으나, 사회속 일반인들에게까지도 스며들기 시작한 것이다. 그도 그럴 것이, ESG의 많은 부분이 환경적 요인으로 구성되어 있는데 코로나 19로 인해 자연 환경에 대한 전 세계적인 사고의 변화가 일어나면서 환경오염의 주범으로 꼽히는 기업의 산업 활동으로 자연스럽게 연결된 것이다. 이에 각 회사에서는 ESG에 대한 TF(태스크포스: 일시적으로 구성된 조직)가 만들어지는가 하면, 내부 보고서를 제작하여 전사 직원들에게 공유하기도 한다.

코로나19로 어렵지 않은 사람이 없다. 이런 상황에서 특정 기업이 ESG경영을 통해 사회에 옳은 일을 했다고 간주하게 되면, 일반 사람들뿐만 아니라 글로벌 투자자들도 차후 전폭적인 지원을 가하게 된다. 이는 기업의 또 다른 성장의 기회이자 비즈니스가 되기 때문에 경제적 관점에서도 기업은 지금 이 시기에 많은 기업들이 본격적으로 ESG경영을 준비하고 시작하게 된 것이다.

2020년 1월 세계 최대 자산운용사 블랙록의 래리 핑크 회장은 "ESG를 고려하는 방식이 향후 블랙록의 가장 핵심적인 투자 모델이 될 것"이라고 언급하면서 "기후변화를 고려해 투자 포트폴리오를 변경하겠다."고 밝혔다. 또한 래리 핑크 회장은 "1970년대와 1980년대 초의 인플레이션 급등, 1997년의 아시아 통화위기, 닷컴 버블, 그리고 글로벌 금융위기 등 다수의 위기와 난제들을 경험했으나 본질적으로 기후변화는 다르다."며 "기업, 투자자, 정부는 상당 규모의 자본 재분배에 반드시 준비해야 한다."고 밝혔다. 블랙록은 석탄 연료를 사용해 얻은 매출이 25%가 넘는 기업의 채권과 주식을 처분하겠다고 엄포를 놓았다. 앞으로 지속가능한 투자를 하겠다는 블랙록은 점차 석탄 연료를 사용한 매출의 25%를 줄여가면서 기업들을 압박할 것이다. 블랙록의 운용자산 규모는 2020년 4분기 기준 약 9,500조 원이다. 국내의 대기업이나 공사에도 블랙록이 대주주로 투자한 곳이 많기 때문에 우리나라 기업들의 변화는 당연한 수순이라고 볼 수 있다.

2021년 상반기에 ESG관련 위원회를 만든 기업이 60여 곳이 넘는다. 또한 같은 시기 민간 기업이 발행한 ESG 채권 발행액은 9조 300억이며, 지난해 전체 발행액의 2배를 훌쩍 뛰어넘는 수준이다. 기업이 ESG 채권을 발행하게 되면 친환경 기업이라는 인식도 갖게 되고, 투자 수요도 크게 확대되었기 때문에 안정적으로 ESG경영활동에 참여하는 것으로 평가되어 좋은 ESG등급을 받는 데 일조할 수 있다.

결국 2000년대부터 차분하게 준비되어온 CSR(기업의 사회적 책임), ESG(환경, 사회, 지배구조의 비재무적 요인), SDGs(지속가능발전목표)에 대한 정책과 움직임들이, 코로나19라는 촉발요인(trigger factor)을 만나 사회적, 경제적으로 큰 관심을 받게 된 것이며, 단순한 유행이 아닌 2050탄소중립 전략과 같은 글로벌 국가 간의 전반적인 혁신적 전환과 함께 장기적인 목표로 자리매김한 것이다.

코로나19 팬데믹 이후 ESG에 대한 강력한 경영전략이 시작될 것이고, 글로벌 투자 자금이 ESG로 몰리면서 새로운 경제 변화를 이끌어 올 것이다. 또한 미래전략이나 과학의 발달 양상이 바뀌게 되며 국민들의 사소한 일상생활 하나하나에까지도 ESG가 영향을 줄 것이다.

4장
국제 생태환경 새로운 시대

지구를 지키는
전 세계의 그린 선언 물결

    경제적 성장이 커질수록 자원은 고갈되고 환경의 위기와 기후변화에 대한 문제가 커지고 있다. UN의 2019년 발표에 따르면 21세기말까지 약 2.7도의 기온이 상승할 수 있으며, 이는 상상할 수 없는 문제를 초래하게 될 것이라고 경고하였다. 후대에 과학발전과 더불어 건강한 지구의 자연을 물려주기 위해서 각국의 정상들은 마음을 합쳐 탄소중립2050(또는 2060)을 외치고 있다. 기후변화문제는 모든 산업 영역에서 각자의 방식대로 할 수 있는 변화를 모색해야 하며, 자원을 최소화하면서 경제는 지속적으로 성장할 수 있도록 최적의 방안을 탐구해야 한다.

    코로나19가 전 세계를 강타하면서 심각한 경기 침체를 가져왔다. 2020년 세계 경제성장은 -4.4%를 전망하며, 미국 -5.8%, EU -8.3%, 영국 -9.8% 등으로 포스트코로나를 맞이하여 적극적이고 강력한 경기 부양을 준비하고 있다. 다만 추후 코로나와 같은 팬데믹 상황을 사전에 예방하기 위해 4차 산업과 디지털 그리고 친환경을 아우르는 저탄소 경제성장을 위해 전 세계의 그린 선언 물결이 휘몰아치고 있다. 특히 탄소배출 상위국은 그린 선언을 통해 친환경, 지속가능, 재생에너지, 스마트시티 등의 정책을 계속해서 제시하고 있다.

순위	국가	CO$_2$ 배출량 (백만 톤)	전 세계 비중 (%)	1인당 CO$_2$ 배출량 (톤)
1	중국	9,839	27.2	7.1
2	미국	5,269	14.6	16.2
3	인도	2,467	6.8	1.8
4	러시아	1,693	4.7	11.8
5	일본	1,205	3.3	9.5
6	독일	799	2.2	9.7
7	이란	672	1.9	8.3
8	사우디아라비아	635	1.8	19.3
9	한국	616	1.7	12.1
10	캐나다	573	1.6	15.6
-	전 세계	36,153	100	-

[표] 주요국의 온실가스 배출 현황 (KOTRA, 2021)

1930년대 미국의 루즈벨트 대통령은 대공황을 극복하기 위해 뉴딜정책을 추진하였다. 코로나19로 인해 다시금 글로벌 충격이 도사리고 있는데, 각국은 자국의 실정에 맞게 맞춤형 뉴딜 정책을 제시하고 있으며 그 주축의 하나가 바로 그린뉴딜이다.

한국의 그린뉴딜

2020년 7월 한국판 뉴딜 1.0이 시행되었다. 9대 역점분야 28개 과제를 선정하였고, 디지털 및 그린뉴딜 20개 과제 중 10대 과제를 집중 추진한다. 10대 대표과제는 다시 3가지 카테고리로 구분되는데, 그 중 한 축이 그린뉴딜이다. 그린 리모델링(민간 건축물의 저탄소 경제구조 참여 유도 및 지원 강화), 그린에너지(그린수소, 청정에너지, 신재생에너지 등), 친환경 미래 모빌리티(전기차, 수소차 등)로 구성된 그린뉴딜은 5년간 73조 원의 투자로 가장 큰 투자규모를 갖고 있다. 이미 오래전부터 국내 친환경 산업에 대한 투자가 있어왔으나, 보다 적극적인 생태계 유지를 위해 탄소중립을 선언하고 신재생에너지 확산, 그린 모빌리티, 공공시설의 제로 에너지화 추진, 녹색산업단지 조성 등을 추진한다.

특히 2021년 7월 한국판 뉴딜 2.0으로 분야별 추진과제를 고도화하였는데 그린뉴딜 부분에서는 탄소중립 추진기반 구축이 신설되었다. 국제 요건에 부합하도록 온실가스 측정 및 평가 시스템을 정립하고, 그린뉴딜 사업의 규모를 확대, 신재생에너지 확산, 녹색산업 지원 확대와 더불어 국민이 주체가 되는 탄소중립 추진체계를 적극적으로 마련하겠다는 것이다.

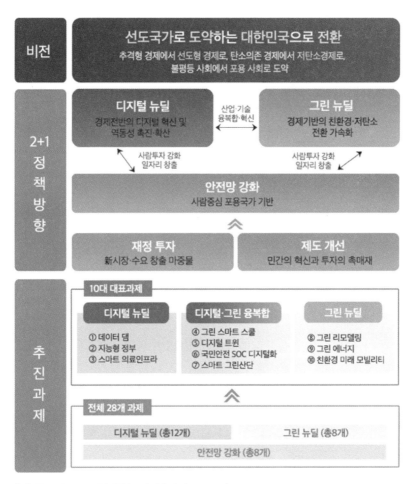

비전

선도국가로 도약하는 대한민국으로 전환

추격형 경제에서 선도형 경제로, 탄소의존 경제에서 저탄소경제로,
불평등 사회에서 포용 사회로 도약

2+1 정책 방향

디지털 뉴딜
경제전반의 디지털 혁신 및
역동성 촉진·확산

산업·기술
융복합·혁신

그린 뉴딜
경제기반의 친환경·저탄소
전환 가속화

사람투자 강화
일자리 창출

사람투자 강화
일자리 창출

안전망 강화
사람중심 포용국가 기반

재정 투자
新시장·수요 창출 마중물

제도 개선
민간의 혁신과 투자의 촉매재

추진 과제

10대 대표과제

디지털 뉴딜
① 데이터 댐
② 지능형 정부
③ 스마트 의료인프라

디지털·그린 융복합
④ 그린 스마트 스쿨
⑤ 디지털 트윈
⑥ 국민안전 SOC 디지털화
⑦ 스마트 그린산단

그린 뉴딜
⑧ 그린 리모델링
⑨ 그린 에너지
⑩ 친환경 미래 모빌리티

전체 28개 과제

디지털 뉴딜 (총12개)	그린 뉴딜 (총8개)
안전망 강화 (총8개)	

[표] 한국판 뉴딜 종합계획(문화체육관광부, 2021)

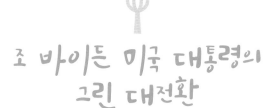

조 바이든 미국 대통령의 그린 대전환

미국은 중국 다음으로 온실가스를 많이 배출하는 나라이면서도 1인당 온실가스 배출량은 16.2톤으로 중국(7.1톤)보다 두 배 이상 높은 편이다. 중국은 제조업이 많아 전체 온실가스 배출량이 많은 반면에 미국은 제조업 비중은 낮으나 국민의 생활 에너지 소비가 많은 편이다. 환경적 문제는 오래전부터 미 행정부 차원에서 다루어져 왔으나 뚜렷한 성과를 보이지는 못했다.

2019년 미국의 그린뉴딜 결의안이 하원을 통과했으나 공화당이 다수인 상원의 반대로 부결되었고, 트럼프 전 대통령은 2020년 4월에 파리기후협정이 미국에게 공평하지 않으며 미국의 석유 및 가스 산업 경제체제에 악영향을 끼친다면서 협정을 탈퇴하였다.

한편 조 바이든 대통령은 2021년 1월 취임 즉시 파리기후협정을 재 가입하였다. 또한 2050 탄소중립을 목표로 15년간 그린뉴딜 분야에 약 2000조 원을 투자할 것이라고 공표하였다. 이는 미국 기후변화 정책에 있어 대전환을 알리는 신호가 되었다.

민주당 출신인 바이든 대통령은 후보 시절에도 자신의 공약으로 저탄소·친환경을 내세웠으며 그린 일자리, 그린 인프라, 그린 산업을 통해 경제 부흥을 이룩하는 새로운 정책적 체제를 과제로 언급하였다.

특히 친환경자동차, 재생 에너지, 그린 시티를 미 그린 뉴딜의 중점과제로 선정하였다. 친환경자동차의 시장 활성화를 위해 세금 공제 및 보조금을 지원하고 2030년 1,200만 대의 무공해자동차 의무 판매제를 실시한다. 수소차 보급을 활성화하기 위해 에너지부와 자동차, 에너지, 연료 산업의 다양한 기관이 협력하여 예산을 투자받게 된다.

2019년 기준 천연가스와 석탄으로부터 전력을 생산하는 비중이 60% 이상인 미국은 2030년까지 풍력에너지의 비중을 20%로 올리며 재생에너지 생산에 파격적인 보조금 및 세액 공제 혜택을 제공한다. 특히 주별로 재생에너지 체제를 각기 구축하였는데, 미시간 주는 재생에너지 일자리 창출을 위해 2030년까지 10억 달러의 투자 계획을 발표하였고, 워싱턴 주는 수력발전을 통한 전력 수급을 70% 이상으로 확대할 계획이다.

스마트 기술을 바탕으로 하여 일부 도시의 그린시티 조성을 서두르고 있는데, 뉴욕시는 2050년까지 건물 배출 온실가스의 80%를 감축하기로 하였고 로스앤젤레스는 지속가능한 도시 계획을 수립하여 2050년까지 온실가스 배출 제로를 달성하며 매년 1조 가량의 녹색 교통 투자를 계획하였다.

그린 대전환이라 일컬을 수 있는 조 바이든 정부의 과감한 그린 뉴딜 정책은 주 단위에서 시행되던 그린 정책을 연방정부 차원으로 확대하여 통일시키는 역할을 하며, 주정부와 연방정부의 One-Way 목표를 수립하여 더욱 과감하고 추진력 있게 진행할 수 있을 것으로 보인다. 이 과정에서 자국 녹색시장의 보호를 위해 수출품에 대한 감축 기준을 엄격히 적용하여 글로벌 무역에서도 그린뉴딜정책을 새로운 협상카드로 유연하게 사용할 것으로 본다.

분야	내용
일자리	- 환경 관련 일자리 1,000만개 창출
건물	- 2035년까지 건물의 탄소발자국 50% 감축 - 건물 400만 채와 주택 200만 채의 에너지 효율 개선 사업
교통	- 2030년까지 미국 전역에 50만 개의 친환경차 충전소 설치 - 연방정부 차량을 무공해차량으로 전환 - 워싱턴, 뉴욕, 로스앤젤레스, 샌프란시스코 등 고속철도 사업 추진
에너지	- 화석연료 보조금 폐지 - 석유 가스 산업의 메탄 배출 제한 설정
인프라	- 기후변화 대응 인프라에 4년간 2조 달러 투자

[표] 조 바이든 대통령의 친환경 관련 정책 (출처: KOTRA, 2021 자료 재구성)

미국 정부는 2030년까지 온실가스를 최소 50% 감축하기로 약속

2021년 4월 40개국 정상들이 참여한 화상 기후변화 정상회의에서 조 바이든 미국 대통령은 미국의 온실가스 배출량을 2030년까지 50% 감축하겠다고 언급하였다. 오바마 전 대통령 당시에는 2030년까지 25%가량 감축하겠다고 하였는데, 그에 비하면 거의 두 배 수준의 목표치를 과감하게 제시한 것이다.

정치적인 관점에서는 과감한 친환경 목표를 제시하여 다른 나라보다 친환경, 탄소중립에서 선도적인 역할을 하며 글로벌 기후변화에 있어 큰 영향력을 행사하고자 하는 이면이 있다. 그러나 결국에는 모든 나라들이 따라 가야하는 길목이기 때문에 각국도 온실가스 배출 감축에 긍정적으로 협력하고자 하는 의사를 표시하고 있다.

중국의 시진핑 국가주석도 2060년까지 탄소 중립화를 이루겠다며 자신의 공약을 재확인하였으며, 인류의 공통 과제에 적극적으로 동참하는 모습을 보였다. 캐나다의 경우에는 2030년까지 36%를 감축하겠다고 새로운 목표를 제시했으며 종전 목표치였던 30% 감축을 갱신하였다.

이런 발표에 박차를 가하기 위한 미국 내 기업들의 행동도 눈길을 사로잡고 있다. 구글, 애플, MS, 월마트, 페이스북, 코카콜라, 마르스, 다논, 네슬레, 타겟, 이케아, 나이키, 마스터카드 등 310여 개의 기업들이 조 바이든 대통령 앞으로 공개서한을 보내면서 "2030년까지 50% 감축은 야심차면서도 실현가능한 목표"라고 북돋았고, "대통령이 온실가스 감축을 인류가 직면한 가장 큰 문제라고 한 데 동의하며, 기업들은 이것이 평등을 실현하고 일자리를 창출하며 지속가능한 경제를 구축하는 특별한 기회라는 것을 알고 있다."면서 정부의 그린 정책에 적극 동참하겠다는 목소리를 밝혔다.

기후행동추적 분석기관(CAT)에 따르면 바이든 대통령의 감축목표 상향 조정에 따라 미국의 온실가스 배출량이 연간 20억 톤 가량 감축될 것으로 예상하였다. 2005년부터 2019년까지 온실가스 배출량이 약 12%정도를 감축한 것에 비교하면 상당히 도전적인 추진 과제라고 볼 수 있다. 특히 산업부문의 온실가스 배출 비율이 다른 국가보다 적은 편이기 때문에 국민들의 생활에너지나 가정 부문에서의 에너지효율 향상이 이루어질 수 있도록 광범위하면서도 체계적인 계획이 필요하다. 난방 시스템의 전력화, 배기가스 저감, 메탄 배출 단속의 강화, 수소 기술 혁신 등을 달성하기 위해 기존의 정책을 크게 변화시키고 국민들의 자발적 참여를 이끌어 내야하는 숙제를 가지고 있다.

미국 내 그린뉴딜을 성공적으로 수행하기 위해 거대한 자금 투자를 진행하면서도 저개발 국가들의 온실가스 감축과 기후변화 적응을 돕기 위해 기후 공공자금 지원이나 국제 원조를 현재보다 2~3배 이상으로 확대하기 위한 법을 제정하고자 노력하고 있다. 환경 부문의 정책은 즉각적으로 탄소배출량 등을 확인할 수 있기 때문에 미국의 과감한 그린뉴딜 정책 발표만큼 얼마나 결실을 맺을지 추이를 지켜볼 필요가 있겠다.

시진핑 중국 국가주석의 2060년 이전 탄소중화를 목표로

시진핑 중국 국가주석이 2020년 9월 UN 총회 연설에서 2060년까지 탄소중화를 달성하겠다고 발표하였다. 선진국들의 2050년 탄소중화 목표에 비하면 10년이나 늦은 시기이나, 현재 온실가스 배출 1위 국가이며 2위인 미국에 비해 약 2배가량 더 많은 온실가스를 배출하고 있다는 점을 생각한다면, 다른 선진국들보다 훨씬 빠른 속도로 탄소배출을 감축해야 하는 도전적인 목표를 세웠다고 볼 수 있다.

중국은 '중국 저탄소발전전략 및 전환방법 연구 보고서'를 통해 탄소중화 실행 로드맵을 제시하였다. 이 보고서에 따르면 파리기후협정의 목표인 21세기말까지 지구 평균기온 상승폭을 1.5도까지 제한한다는 것에 맞춰 시나리오를 구성하여 목표치를 제시하였고, 여러 단계별 감축 세부 목표를 구성하여 현실적으로 실현가능한 내용을 싣고자 하였다.

허젠쿤 연구위원장은 "유럽과 미국은 탄소중화 달성 과도기가 50~70년 이지만 중국은 30년에 불과하다"며 "탄소중화 2060을 달성하기 위해서는 선진국보다 온실가스배출 감축 강도를 높여야 한다."고 밝혔다. 2025년까지 비화석에너지 비중을 20%까지 늘리고, CO_2를 105억 톤 이하로 배출해야 2060년까지 탄소중화를 달성할 수 있을 것으로 보면서, 이 또한 시급하면서도 어려운 도전과제임을 확인하였다.

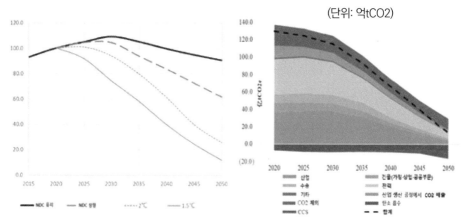

[표] 시나리오별 CO2 배출량 분석 (출처: 에너지경제연구원, 2020)

특히 산업중심의 탄소배출 환경으로 기후대응을 위한 석탄 의존도를 낮추는 것이 핵심이다. 중국은 석탄을 통해 전체 전력의 65%를 생산하고 있으며 이는 전 세계 석탄 소비의 절반 이상을 차지하는 양이다. 석탄 의존도를 벗어나기 위해 재생에너지, 청정에너지 등에 적극적인 투자를 보이고 있다. 또한 일부 지역에서 탄소배출권 거래제를 시범 운영하기 시작하였으며, 2025년까지 국가 차원에서 탄소배출권 거래제를 실시하고자 한다.

분야	내용
도시재생 및 스마트시티	- 2014년부터 중앙정부 주도로 스마트 시티 구축 사업 추진 - 광대역통신망, 정보화, 인프라 스마트화, 공공서비스 간편화 추진 - 추후 스마트그리드, 지능형 교통관리, 치안관리 투자
재생에너지	- 미국에 비해 풍력 발전용량이 2배 이상 많으며, 보조금을 점진적 폐지하여 과잉 설비 문제를 해소하고 경쟁 입찰 도입 예정 - 전 세계 태양광 발전 설비 1/3을 보유하고 있으며, 총 발전 설비용량 중 10%가량 차지하므로 2030년 재생에너지 비율 20% 설정 - 재생에너지의 도시지역 소비 확대를 위한 특고압 송전설비 구축 투자
친환경자동차	- 세계 최대 전기자동차 생산 및 소비국으로 성장 잠재력 보유 - 2025년까지 전기차 신차 판매를 25%로 설정하고 보조금 및 세금 혜택 - 2030년까지 수소차 100만 대와 충전소 1,000대 확대 목표

[표] 중국의 그린뉴딜 정책 중점 추진분야 (출처: KOTRA, 2021 자료 재구성)

중국, 미국, EU를 둘러싸고 친환경에 대한 글로벌 영향력을 과시하기 위해 선진국들의 치열한 경쟁이 예상된다. 중국 정부는 세계 1위 탄소배출국이라는 오명을 씻어내기 위해 과감한 도전과 추진력을 발휘하고, 막대한 투자금을 지원하여 지금 당장 탄소중립을 위한 노력을 시작해야 한다. 이에 시진핑 국가주석은 "중국은 전 세계 국가들과의 조화로운 발전을 추구한다."며 선진국들의 적극적인 협력을 요구하기도 하였다.

[그림] G20 정상회의에서 2060년 탄소중화를 발표하는 시진핑 중국국가주석
      (출처: 구글 이미지)

환경생태의 시작이자
주요 무대 유럽

EU(유럽연합)는 UN 기후변화협약(UNFCCC)에서 체결된 교토의
정서와 파리기후협정을 가장 잘 이행하는 곳이다. UN 기후변화협약
은 1992년 UN 환경개발회의에서 채택된 협약으로 선진국과 개발도
상국이 공동으로, 그러나 차별화된 책임을 가지고 온실가스의 감축
을 이행하기로 약속한 협약이다.

교토의정서는 기후변화의 가장 큰 문제를 온실가스로 정의하
여 선진국들이 2008년부터 5년 동안 온실가스 배출량을 5.2% 감축
하고자 의무를 규정한 프로토콜이다. 또한 파리기후협정은 2015년
UN 기후변화협약에서 지구의 평균 온도 상승을 산업혁명 이전 대비
2도 이내로 제한하고 1.5도를 넘지 않도록 합의한 협정이다.

EU는 기후변화 위기에 주도권을 잡고 글로벌 탄소중립 리더로서 국제 경쟁력을 확보하고자 한다. 폴란드를 제외한 27개국이 유럽 그린딜에 참여했는데, 이는 2050년까지 유럽을 세계 최초의 탄소중립 대륙으로 만들겠다는 비전이다. 유럽그린딜은 EU내의 단순한 약속이 아니라 유럽의회가 승인하여 입법 작업을 진행 중인 본격적인 환경 활동이다. 유럽그린딜은 EU의 경제를 지속가능발전할 수 있도록 모든 정책 분야에서 기후와 환경적 도전을 기회로 삼는 것이다. EU는 2050년 탄소중립을 위해 여러 분야별 정책 계획을 세웠다. 또한 2030년까지 탄소배출 감축목표를 40%에서 55%로 상향 조정하였고, 재생에너지 이용 비중은 32%에서 33.7%로 상향 조정하였다.

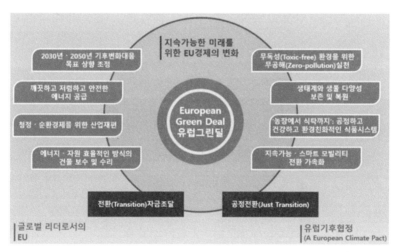

[그림] 유럽그린딜 정책 개요 (출처: KOTRA, 2020)

이런 그린 정책을 펼치기 위해서는 적극적인 예산 편성과 투자가 지원되어야 한다. EU는 약 1400조가량의 유럽그린딜 투자 계획을 수립하였다. EU예산 및 투자프로그램을 적극 활용하여 매년 그린딜 이행을 위해 투자를 확대하고, 공공 및 민간 투자활성화 프레임워크를 마련하며 지속가능한 투자 및 공공사업에 대한 기준을 세우고자 한다.

예산편성과 투자만큼 법의 제정 또한 큰 역할을 한다. EU는 새롭게 상향 조정된 목표를 이행하고자 기후법의 제정을 추진한다. 매 5년 간격으로 환경 영향평가를 실시하고 법안을 지속적으로 수정하겠다고 밝혔다. 또한 탄소배출권 거래제를 확대 실시하여 육해상 운송 분야, 건설 분야 등에도 적용할 예정이다. EU는 이미 2005년부터 탄소배출권 거래제를 시행하였는데, 현재에도 EU 온실가스 배출량의 45%가 거래 중으로 우수한 이행률을 보이고 있다. 유럽 각국이 자국의 탄소배출 감축을 위해 다른 나라로 탄소를 누출할 수 있는 점을 방지하기 위해 탄소국경 조정메커니즘을 도입하고 탄소국경세를 검토하고 있다. 이런 다방면의 법적인 조치는 유럽이 환경생태의 주요 무대임을 다시금 확인해준다고 볼 수 있다.

분야	내용
청정 및 순환 경제	- 친환경 제품과 서비스 확대 및 촉진을 위한 녹색시장 육성 - 청정 철강·화학 전략, 공정전환체계, 탄소국경 조정메커니즘, 스마트 모빌리티 전략, 해상에너지·건설 환경 전략
건물 에너지 효율화	- 건물 에너지 성능 지침 및 에너지 효율성 지침 입법 체계 수립 - 2020년부터 모든 신축건물은 에너지 제로 건물로 건설 - 2030년까지 2,500만 채의 건물을 에너지 측면에서 개보수
재생에너지	- 2030년까지 재생에너지 이용을 33.7% 확대 - 2050년까지 해상풍력 발전용량을 300GW로 끌어올림 - 유럽청정수소연맹을 출범하고 수소 생태계 구축 제고

그린 모빌리티	- EU전역의 복합운송 활성화를 위한 범유럽운송네트워크 지원 - 친환경차 보급 확대를 위한 다양한 세제 혜택과 인센티브 제공 - 2030년까지 승용차 탄소배출 37.5% 감축 의무 부과

[표] EU의 그린뉴딜 정책 중점 추진분야 (출처: KOTRA, 2021 자료 재구성)

환경 산업의 경제적 규모는?

OECD는 환경산업을 환경평가, 규제준수, 오염제어, 폐기물관리, 오염복원, 환경 자원의 제공·배급 등과 관련된 모든 종류의 수입 창출 활동으로 정의하였다. 대기, 물, 토양, 폐기물, 소음, 생태계 등과 관련된 환경피해를 측정, 예방, 제어, 최소화, 보정하기 위한 제품과 서비스를 생산하는 활동으로 환경위해를 저감하고 오염 및 자원사용을 최소화하는 청정 기술·제품·서비스를 포함한다.

미국 환경전문 컨설팅업체 EBI는 환경산업을 크게 환경서비스, 환경장비, 환경자원의 3가지로 구분한다. 이를 바탕으로 표준산업분류의 체계에 따라 환경테스트·분석서비스, 폐수처리, 고형폐기물관리, 유해폐기물관리, 복원·산업 서비스, 환경컨설팅·엔지니어링, 수장비·화학제품, 장비·정보시스템, 대기오염제어장비, 폐기물관리장비, 공정·방지기술, 수자원, 자원회수, 청정에너지·시스템 등 총 14개 부문으로 세부 분류하고 있다.

세계 환경산업 시장규모는 2006년부터 2016년까지 연평균 3.63%의 증가율을 보였으며 2016년부터 2020년까지는 3.67%씩 증가율을 보였다. 2016년 1조 1,564억 달러에 달했던 환경산업 시장규모는 2020년 1조 3,358억 달러에 이르면서 근 4년 만에 약 1,794억 달러, 즉 210조 이상 증가하였다. 2017년 세계 반도체 시장 규모가 4,000억 달러임을 고려한다면 엄청나게 큰 규모임을 확인할 수 있다.

선진국의 경우에는 연 2% 전후로 성장하지만 신규 환경 인프라 수요가 높은 아시아, 아프리카, 중남미 등 신흥국가들은 연 10% 내외로 높은 성장추세를 보이고 있다. 우리나라도 2000년 이후로 환경에 대한 투자 및 기술 산업 수요가 급증하면서 연평균 약 10% 이상의 급성장을 기록하였다. 분야별로는 물산업이 36%, 폐기물산업이 24%, 에너지 21%이며 이

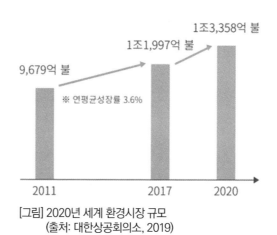

9,679억 불
※ 연평균성장률 3.6%
1조1,997억 불
1조3,358억 불

2011　　　　2017　　　　2020

[그림] 2020년 세계 환경시장 규모
(출처: 대한상공회의소, 2019)

세 가지 산업 카테고리(80% 이상)를 중심으로 새로운 환경 산업이 주도되고 있다.

환경산업은 다른 산업과 달리 공공재적 특성이 강하고 정부 정책이나 시장 규모 및 기술개발에 미치는 영향이 크다. 또한 물리, 화학, 생물학과 같은 기초과학부터 기계, 전기, 토목 등 응용과학까지 동원되는 종합적인 기술 중시형 복합 산업이다. 그렇다 보니 4차 산업 혁명을 맞으며 미래 기술력이 대폭 증가되는 현재 상황에서 환경산업은 환경친화제품 생산, 기후변화 대응에 따른 신재생 에너지 개발 등 저탄소 녹생성장의 비전과 함께 더욱 성장 추세에 있다. 2017년 세계경제포럼(WEF)은 '지구를 위한 4차 산업혁명' 이니셔티브를 발족하였고 4차 산업혁명 등 신기술이 환경 문제 해결과 환경산업에 크게 기여할 것으로 전망하였다.

지구를 위한 4차 산업혁명기술					
신소재 (나노물질 등)	→	오염저감	인공지능	→	정보분석처리
빅데이터	→	정보예측	로봇	→	노동력대체
드론	→	정보수집 환경감시	블록체인	→	정보공유
바이오기술	→	오염저감	3D프린팅	→	자원절감
3D시뮬레이션	→	자원절감	사물인터넷	→	정보수집

[표] 지구를 위한 4차 산업혁명기술 (출처: 대한상공회의소, 2019 자료 재구성)

환경산업시장은 4차 산업혁명과 함께 계속해서 급성장 할 것으로 예상하고 있다. 수질정화의 오염물질을 걸러내는 필터를 그래핀(물 분자보다 큰 소금과 오염물질을 걸러낼 수 있는 필터를 2017년 맨체스터 대학 연구진이 개발)으로 활용하여 물 부족 국가에 기여할 것으로 기대하고 있으며, 초소형 나노로봇이 산업 폐수의 중금속과 오염물질을 제거하는 기술이 상용화 되고 있다. AI로봇이 재활용을 분류하고, 빅데이터로 대기 농도 변화를 예측하여 불법 배출사업장을 단속하는데 적극 활용하기 시작했다.

글로벌 시장조사 기관 골드스타인 리서치는 재활용 분야 로봇 시장은 연평균 16% 이상 성장하여 2024년에는 15조로 확대될 것이라고 발표하였다. 한편 국내 환경산업은 2019년 기준 101조 원으로 2004년에 비해 약 5배가량 증가하였다. 그럼에도 세계 환경시장 점유율이 낮은 수준이었는데, 한국판 뉴딜 정책과 4차 산업혁명기술의 융합을 통해 획기적인 도약을 기대해 볼 수 있다.

환경생태의 중심은 기후위기, 극복은 어떻게?

2020년 평화와 번영을 위한 제주포럼에서 반기문 국가기후환경회의 위원장은 "기후 위기가 코로나19보다 더 심각한 문제"라고 언급하며, 기후 위기는 인간의 삶과 연관된 실존적 문제이고 팬데믹 근저에는 인간에 의한 생태계 파괴가 있다는데 주목해야 한다고 주장하였다. 2021년 그린피스가 세계경제전문가 100인을 대상으로 실시한 설문조사 결과 세계가 당면한 가장 큰 위기는 기후위기로 확인되었다. 응답자 가운데 93%가 기후위기를 가장 큰 위기로 꼽았다. 2016년 세계은행은 기후변화를 방치할 경우 2050년까지 약 18경 5천조 원의 경제적 손실이 발생할 것이라고 전망하였다. 이는 곧 인류 생존에 대한 위협으로도 볼 수 있다는 시선이 많다. 다행히 21세기에 들어서서 기후변화에 대한 위기의식을 충분히 깨달았으며 현재는 위기를 극복하기 위해 전 세계가 한마음으로 적극적인 대처를 한다는 점이다.

유엔재난위험경감사무국(UNDRR)은 2000년부터 2019년까지 20년 동안 전 세계에 7,348건의 자연재해가 발생하여 123만 명이 사망하고 3400조가량의 재산피해가 발생했다고 보고하였다. 이는 1980년부터 1999년까지 앞선 20년에 비해 상당히 증가하였음을 볼 수 있는데, 그 주요 원인으로 기후변화를 꼽았다. 특히 지구의 평균기온이 산업화 이전 대비 1도 이상 증가함에 따른 폭염, 가뭄, 홍수, 혹한, 태풍, 산불 등 더 많은 자연재해를 불러일으킴을 확인할 수 있다.

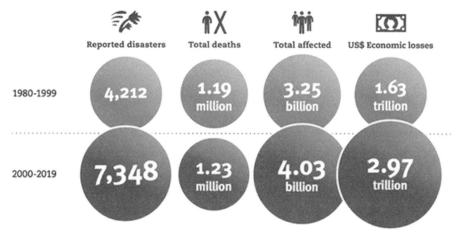

[그림] 세계 재해와 피해 (출처: UNDRR, 2020)

기후위기의 극복은 국가 수준에서 또는 개인 수준에서만으로는 절대 달성할 수가 없다. 전 세계 각국의 모든 정부와 모든 사회 구성원들이 적극적으로 협력해야만 기후위기를 극복할 수 있다. 기후변화센터에 따르면 지금 당장 온실가스 배출을 중단하더라도 산업혁명 이전 수준으로 돌아가기 위해서는 적게는 100년에서 많게는 300년이 걸린다. 이는 당장에 인류가 모든 활동을 멈추더라도 지구온난화는 계속 진행된다는 것이며, 그만큼 환경생태의 위기가 심각한 수준에 있음을 느낄 수 있다. 파리기후협정에 따라 모든 국가가 2030년까지 온실가스 감축 계획을 100% 이행하여도 실제 온실가스 배출량은 거의 변화가 없을 것으로 추측하기도 한다.

글로벌 수준에서는 세계기상기구(WMO), 유엔환경계획(UNEP)의 기후변화에 관한 정부 간 패널(IPCC), 유엔환경개발회의(UNCED)의 기후변화협약(UNFCCC) 등 계속되는 회의, 협약, 체결, 추진, 제도화를 하고 있다. 그러나 당장에 국민들의 생활 속 환경지킴은 잘 이루어지고 있지 않다. 여름철 실내온도를 26~28도로 유지한다든가, 가까운 거리는 걷거나 자전거를 이용한다든가, 승용차 요일제에 참여한다든가 등 이미 널리 알려진 환경실천 행동들도 실제로 이행하는 사람은 많지 않다.

전 세계는 국가수준에서 다양한 제도와 로드맵을 구성하여 거시적인 관점에서 기후위기를 극복하기 위한 적극적인 움직임을 시작하였다. 이제 국민 한명 한명이 미시적인 관점에서 작은 생활습관부터 기후를 생각하는 움직임을 보여줄 때이다. 다음은 기후변화센터에서 제시하는 기후위기 동참 생활 실천의 주요 내용이다.

CO2를 줄이는 생활의 지혜의 주요내용
실내온도를 적정하게 유지 (여름철 26~28도, 겨울철 20도, 겨울에는 내복 입기)
대중교통 이용하기 (버스(B), 지하철(M), 걷기(W) 운동, 카풀, 경차이용, 승용차 요일제)
플러그 OFF (TV, 컴퓨터, 전등 절전 사용, 고효율 조명등 사용, 플러그는 뽑아놓기)
올바른 운전습관 (에코드라이빙, 경제속도로 운전, 공회전 줄이기)
재활용 실천 (텀블러, 머그컵 사용, 분리수거 철저, 리필제품 구매, 장바구니 생활화)
친환경 제품 (환경마크 제품 구입, 에너지소비효율 높은 제품 사용, 재활용 제품 애용)
물 아껴쓰기 (절수형 샤워기 및 양변기 설치, 물 받아쓰기, 세탁 모아하기)
나무심기 (식목일에 나무 심기에 동참하기)

[표] CO2를 줄이는 생활의 지혜 (출처: 환경부 자료 재구성)

5장
지속가능한 발전

지속가능한 발전이란 무엇인가?

심각한 환경오염과 기후 변화, 자연 자원의 고갈, 빈곤과 가난, 인권 유린과 불평등 등 인류의 지속가능한 삶을 불투명하게 하는 많은 문제가 가시화되자 이러한 전 지구적 문제를 해결하기 위해 세계는 환경 뿐만 아니라 경제, 사회 문제를 같이 고려하고자 하는 지속가능한 발전을 추구하게 되었다.

지속가능발전은 환경의 보전과 경제성장간의 조화를 기본으로 하는 개념이다. 즉, 경제성장을 이루면서 환경의 질도 높게 유지함을 전제로 한다. 이는 자연자원의 한계와 고갈이 생산 활동을 약화시키고 환경오염이 경제성장을 지연시키는 것을 의식하는 개념이다. 지속가능발전을 이루기 위해서는 자연자원의 소모뿐만 아니라 환경오염으로 인한 생태계의 파괴를 충분히 고려해야 한다.

지속가능한 발전 정의는 미래 세대가 그들의 필요를 충족할 수 있는 능력을 저해하지 않으면서 현재 세대의 필요를 충족하는 발전을 말한다. 지속가능한 발전이라는 용어는 1970년대부터 시작된다. 1972년 스톡홀름에서 개최된 유엔인간 환경회의(UNCHE: United Nations Conference on Environment and Development) 이후에 세계는 환경과 사회, 경제적인 요소인 저개발과 빈곤간의 상호적인 관계에 대한 검토의 필요성을 깨달았다. 그 후 1980년대에 환경에 대한 걱정 및 자연에 대한 관심이 커졌고, 사회경제적 진보간의 균형이 필요성이 대두되면서 새로운 발전과 정치에 대한 지속가능발전이라는 개념이 등장하였다.

1987년 세계 환경 발전위원회에서 브른트란트는 '우리들의 공동의 미래'를 통해 지속가능한 발전(sustainable development)을 추구해야 한다고 보고함으로 세계적으로 사용하게 되었다.

지속가능한 발전의 의미는 미래 세대가 그들의 필요를 충족할 수 있는 능력을 저해하지 않으면서 현재 세대의 필요를 충족하는 발전을 말한다. 지속가능한 발전은 시대적 조류와 국제사회가 공감대를 가지고 공통의 노력을 통해 더욱 구체화되고 있다.

한국은 2008년 제정된 지속가능 발전법 제2조에서 지속가능한 발전에 관하여 정의를 하고 있다. 지속가능발전법 제2조 제1항에서는 "지속가능성"이란 현재 세대의 필요를 충족시키기 위하여 미래 세대가 사용할 경제·사회·환경 등의 자원을 낭비하거나 여건을 저하(低下)시키지 아니하고 서로 조화와 균형을 이루는 것을 말한다"고 규정

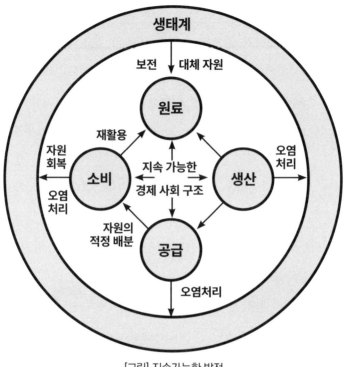

[그림] 지속가능한 발전

한다. 그리고 동조 제2항에서 "지속가능발전이란 지속가능성에 기초하여 경제의 성장,사회의 안정과 통합 및 환경의 보전이 균형을 이루는 발전을 말한다"고 규정하고 있다.

지속가능발전 개념을 '현재 세대의 필요를 충족시키기 위하여 미래 세대가 사용할 경제 · 사회 · 환경 등의 자원을 낭비하거나 여건을 저하시키지 않고 서로 조화와 균형을 이루는 것을 뜻하는 지속가능성 개념에 기초하여 경제의 성장, 사회의 안정과 통합 및 환경의 보전이 균형을 이루는 발전'이라고 정의하고 있다.

    지속발전 가능성은 삶의 철학과도 밀접한 관련을 맺고 있다. 지속가능성이라는 관점에서 볼 때 한국은 주요 광물을 대부분 수입에 의존하고 있으며, 천연자원의 부족을 교육과 양질의 노동력으로 보완해왔으나 생태문명을 도입하기 위해서는 그것만으로 부족하다.

    한국에서도 생태문명을 건설하기 위해서는 먼저 청정 에너지원 개발, 자원절약형 기술 개발, 생활 및 소비 행태의 합리적 개선이 절대적으로 필요하다고 할 수 있다.

지속가능한 발전의 기원

지속가능성의 문제의식은 1930년대부터 어업 분야에서 어류의 포획이 남발하면서 어류 자원이 점차 고갈되면서 나타났다. 인류는 어류 자원의 고갈을 막기 위하여 미국의 뉴저지 주 벨마에서 처음으로 '최대 유지가능 어획량(MSY: Maximum Sustainable Yield)'이라는 어업 자원 보호 지침을 만들어 스스로 어획량을 규제하기 시작하면서 인기가 높아졌으며, 1946년에는 국제 포경 단속 조약과 1952년 북태평양 어업 협정에서 사용되었다.

한국은 1999년부터 어획량 관리체제인 '총허용어획량제도(TAC: Total Allowable Catch, Individual fishing quota)'제도를 도입하였다. 총허용어획량제도는 개별어종(단일어종)에 대한 연간 총허용어획량을 정하여 그 한도 내에서만 어획을 허용하는 자원관리 제도다.

이 제도는 UN해양법협약 발효에 따른 연안국의 어업자원에 대한 관할권 강화 및 전통적 어업관리제도의 한계를 보완하기 위해 도입한 제도이다. 그러나 한국은 총허용어획량제도에 해당하는 것이 전체 어획량의 25% 정도밖에 되지 않아 아직 전통적 관리체제하에 서 있기 때문에 총허용어획량제도가 제대로 뿌리내리지 못한 채 수산자원 감소와 이에 따른 어획량 감소를 막아내지 못하고 있다.

지속가능한 발전이란 단어에 대하여 관심을 갖게 된 것은 1962년 레이첼 카슨이 출간한 「침묵의 봄(Silent Spring)」에서 과학기술이 초래한 환경오염의 위험을 공식적으로 알렸다. 이 책은 DDT 등의 살충제와 농약이 새, 물고기, 야생동물, 인간에게 미치는 파괴적인 결말을 고발하였고, 이를 계기로 미국을 포함한 전 세계인들은 환경문제를 인식하고 본격적인 관심을 갖게 되었다.

환경오염이 심해가는 가운데 1972년 6월 UN은 스웨덴의 스톡홀름에서 '인간환경회의(UNCHE: UN Conference on the Human Environment)'를 개최하고 "인간환경의 보전과 개선을 위하여 전 세계에 그 시사와 지침을 부여하는 공통의 원칙이다"라는 환경이 생존권 자체의 본질임을 규정한 인간환경선언(스톡홀름선언)"을 선포하여 환경보호의 필요성을 강조하였다.

1972년 12월 제27차 국제연합 총회에서 UN 산하에 지구의 환경문제를 전담하는 기구인 '유엔환경계획(UNEP: UN Environmental Programme)'이 발족되었다. 유엔환경계획의 역할은 지구 환경을 감시하고, 각 국가 정부를 비롯한 국제 사회가 환경의 변화에 따라 적절한 조치를 취할 수 있도록 돕고, 환경 정책에 대한 국제적 합의를 이끌어내는 것이다.

1980년 이전까지는 지속가능성이란 단어가 환경을 중심으로 하는 이념이었으나 1980년 이후 부터는 환경의 이념에 발전을 포괄하는 이념으로 전 분야에 포괄적으로 사용되기 시작하였다.

1992년 6월3일 브라질 리우데자네이루에서 세계 178개국 대표단과 국제기구 대표 등 8000여 명이 참석하는 초대형 국제회의가 열렸다. '유엔 환경개발회의'라는 이름으로 개막된 이 회의는 사상 최초로 열린 지구적인 차원의 환경회의였다. 각국 대표들과 환경운동가, 과학자들은 12일 동안 지구온난화, 삼림 보호, 동식물 보호, 개도국을 위한 환경기술 이전, 환경을 고려한 개발 등 7가지 의제를 놓고 토론했다. 이 회의는 기후변화 문제를 놓고 처음으로 세계가 머리를 맞댄 역사적인 자리였다.

1997년 5월 10일부터 18일까지 아프리카 케냐의 나이로비에서, 세계 105개국 정부 대표가 참석한 가운데 개최되었던 제19차 UNEP 집행이사회에서 '나이로비 선언'을 채택하였다. 이 회의에서는 특히 인간과 환경 간의 조화를 강조하였다. 또한 〈인간 환경에 관한 국제연합 선언〉에 대한 지지를 재차 확인하면서 지구 환경 보전을 위한 10년간의 활동을 평가하고, 지구 환경의 현재 상태에 대해 심각한 우려를 표명하면서 지역적 차원과 국내적 차원과 세계적 차원에서 환경을 보호하고 향상시키기 위한 노력을 긴급히 강화해야 한다고 강조하였다.

2000년 5월 29일부터 31일까지 스웨덴 말뫼에서 새롭게 대두되는 중요한 환경문제들을 재검토하고 앞으로의 계획을 세우기 위해 '말뫼 선언'을 하였다. 국제사회의 많은 성공적이고 지속적인 노력과 얼마간의 성과가 있었음에도 불구하고 지구상의 생명을 위한 환경과 자연자원이 계속 급속도로 악화되고 있음을 깊이 우려하며, 국제사회, 특히 리우회의에서 정해진 정치적, 법적 의무사항의 빠른 이행의 중요성을 재확인하며, 국제협력의 정신으로 모든 국가가 신속하고 보안된 노력의 책임이 있음을 확신하며, 특히 리우원칙에서 기술된 것처럼 현·미래세대에게 이익이 되는 지속가능한 발전의 환경관리를 위해 공통적이지만 차별화된 책임의 원칙을 인정하였다.

2002년 남아프리카공화국 요하네스버그에서 '지속가능한 발전 정상회의'를 열고 "우리는 모두에 대한 인간 존엄성의 필요성을 인식하면서 인도적이고 공평하며 우호적인 지구사회를 구축할 것을 약속한다"고 하여 지속가능한 발전의 필요성에 대하여 재확인하였다. 정상회의 개막식에서 세계의 어린이들은 미래가 그들의 것임을 이야기하였고, 그들이 빈곤, 환경악화, 비지속적인 발전 패턴으로 야기된 모욕(indignity)과 상스러움(indecency)으로부터 벗어난 세계를 상속받을 수 있음을 모두에게 제기하였다.

UN은 2005년부터 2014년까지를 '유엔 지속가능한 발전교육 10개년'으로 선포하고, 유네스코를 실행기관으로 지정했다. 유네스코에서는 지속가능발전의 원칙과 가치, 시행 방침을 모든 학습 과정에 통합하기 위해 노력해왔다. 한국도 지속가능발전교육을 위한 전략과 계획을 수립하고, 다양한 영역에서 지속가능발전교육을 위한 활동을 실시하였다.

2015년 제 70차 UN총회에서 지속가능발전목표(SDGs: Sustainable Development Goals)를 결의하고 2030년까지 지속가능발전의 이념을 실현하기 위하여 '단 한 사람도 소외되지 않는 것(Leave no one behind)'이라는 슬로건과 함께 인간, 지구, 번영, 평화, 파트너십이라는 5개 영역에서 인류가 나아가야 할 방향성을 17개 목표와 169개 세부 목표로 제시하였다.

[그림] UN이 제시한 인류가 나아가야 할 방향성을 17개 목표

UN이 제시한 지속가능 발전목표(SDGs)는 다양한 국가적 상황에 따라 유연성을 발휘하므로, 각 국가들은 가장 적절하고 관련있는 목표 내 세부 목표와 지표를 골라 척도로 삼을 수 있게 되었다. 이로 인해 세계 각국은 지속가능 발전목표(SDGs)를 이행하기 위한 많은 노력을 하고 있으며, 한국은 지속가능 발전법, 저탄소 녹색성장기본법, 국제개발협력기본법 등 정부정책 및 관련법을 통해 UN-SDGs의 개별목표를 이행하고 있다.

한국의 지속가능한 발전의 역사

한국은 1970년대부터 시작된 산업화로 인하여 인구의 증가와 집중, 산업 발전, 소비 증대에 따라 에너지·수자원·토지·각종 자원 등의 수요가 급격히 증대하였다. 경제적 측면에서는 급격한 성장을 이루었지만, 먹고 사는 문제를 해결하는데 해결하는데 집중하다 보다 보니 환경에서 새롭게 부각되는 문제들을 제대로 인식하지 못했다.

1980년 이래 온산공업단지 부근 울주군 온산면에서는 공단에서 배출된 중금속 분진과 유독 폐수에 의한 대기 오염, 그리고 수질·농산물·해산물 오염으로 인한 중독으로 7개 마을 주민 7,700명 중 약 500명이 팔·다리 부위의 통증을 호소하였다.

1990년대에는 여러 가지 환경문제들이 발생하기 시작하면서 국민들이 환경의 중요성을 인식하는 계기가 되었다. 결정적으로 환경의 중요성을 깨닫게 된 것은 1992년 3월에는 구미단지의 두산전자 공업에서 대량의 페놀(phenol)이 낙동강에 흘러들어, 이 물을 상수원으로 이용하는 대구 다사수원지에서 염소소독을 할 때 극심한 크롤 페놀의 악취가 발생하여 대구시의 급수가 약 1주일 동안 중단되기도 하였다. 낙동강 페놀 오염 사건으로 전 국민이 환경문제의 심각성을 깨닫게 되는 계기가 되었다. 크고 작은 환경 오염으로 인한 사회문제가 발생하자 환경과 관련된 민간단체들이 생겨났으며, 이들에 의한 환경운동이 본격적으로 전개되기 시작하였다.

1995년부터 지방자치단체들은 1992년 브라질 리우데자네이루에서 개최된 유엔환경개발회의에서 채택한 행동강령회의에서 채택된 '의제21'을 구체적인 활동으로 실천해나가기 위하여 주민, 기업체, 민간단체가 주체가 되어 의제 실천협의회를 만들어 쾌적한 자연 환경의 조성과 지속 가능한 발전, 지구 환경 보전 및 주민의 삶의 질 향상을 위한 활동을 시작하였다. 1996년에는 국가차원에서 의제 21 국가실천계획을 수립하고 시행하게 되었다.

2000년 6월 5일 제5회 환경의 날 기념식 대통령 연설문에서 「새천년 국가환경비전」을 선언하고 지속가능 발전의 개념을 처음 도입하였다. 이 선언을 실제 정책으로 만들기 위한 후속조치로 2000년 9월에는 지속가능한 국가 발전에 관한 업무를 총괄하는 대통령자문 지속가능발전위원회가 출범시켰다. 2001년 1월에는 환경부 주관으로 「새천년 국가환경비전」 추진 계획을 수립하였다. 추진계획에는 환경윤리 정착 및 환경교육 강화, 경제·산업의 녹색화, 환경친화적·계획적인 국토관리, 기초생활환경 개선기반 확립, 환경과학기술의 발전, 지구환경보전에 적극 참여, 녹색정부체계의 구현 등에 대한 실행계획을 수립하였다.

2006년 10월에 국내 최초의 경제·사회·환경 분야 통합관리 전략 및 실천계획인 제1차 국가 지속가능발전 전략 및 이행계획을 발표하며 4대 전략, 48개 이행과제, 238개 세부이행과제를 수립하여 추진하였다.

2007년 8월에는 지속가능발전을 이룩하고, 지속가능발전을 위한 국제사회의 노력에 동참하여 현재 세대와 미래 세대가 보다 나은 삶의 질을 누릴 수 있도록 하기 위하여 지속가능발전기본법을 공포하여 지속가능발전을 보장하는 법적 장치가 마련되었다. 이후 매 2년마다 「지속가능 발전법」 제14조에 따른 지속가능발전을 평가하는 국가 보고서가 작성되고 있다.

2010년 1월에는 「저탄소 녹색성장 기본법」이 제정되면서 기존의 「지속가능발전기본법」은 「지속가능발전법」으로 명칭이 변경되었고, 환경부장관 소속으로 지속가능발전위원회를 두게 되었다. 또한 「저탄소 녹색성장 기본법」 제50조에 따라 지속가능발전 관련 국제적 합의를 이행하고 국가의 지속가능발전을 촉진하기 위한 "지속가능발전 기본계획"을 20년 계획기간으로 5년마다 수립하여 시행하고 있다.

2011년 8월에는 사회적 형평성과 환경자원의 지속성을 대폭 강화하기 위하여 제2차 지속가능발전 기본계획을 수립하였고, 기후변화대응 및 적응, 산업경제, 사회·건강, 국토·환경분야의 4대 전략, 25

개 이행과제, 84개 세부이행과제를 추진하도록 하였다. 2012년에는 국가지속가능발전 평가 보고서가 발간되었다.

2016년 1월에는 제3차 지속가능발전 기본계획이 수립되었고 4대 목표, 부문별 14개 전략, 50개 이행과제로 구성되어 시행 중에 있다.

2015년 9월 유엔이 전 지구적 지속가능성 확보를 위해 경제, 사회, 환경 등 분야를 아우르는 지속가능발전목표(SDGs: Sustainable Development Goals)를 채택함에 따라, 2018년부터 한국 정부는 한국형 지속가능발전목표인 국가 지속가능발전목표(K-SDGs: Korean Sustainable Development Goals)를 수립하여 지속가능성을 보다 구체적으로 달성하기 위해 노력하고 있다.

한국은 G20에 맞는 국가지속가능 역량을 확보하여 세계 일류 선도 국가를 구현하려는 비전을 가지고 성장가능성 발전을 추진하고 있다.

지속가능발전의 특징

지속가능한 발전을 전 세계에서 채택하여 적용하고는 있지만 지속가능한 발전이라는 개념 자체의 모호성으로 인해 학자들 간의 개념 인식에 대한 입장 차이가 있어서 지속가능발전의 의미는 여러 가지로 해석되고 있다.

발전이라는 단어가 경제적 성장과 동일시되고, 경제적 성장을 성취한 후에만 환경에 대한 관심를 가질 수 있기 때문에 그 동안 환경의 파괴는 상당히 이루어진다. 따라서 학계에서는 지속가능발전을 지속가능성과 발전으로 나누어 어느 것에 더 무게를 둘지에 대한 논란이 지속되어 왔다. 지속가능성에 무게를 두면, 환경 부문을 경제 부문보다 우위에 놓게 되며 이와 반대로 발전에 무게를 두면 환경보다 경제 부문을 우위에 두게 된다. 따라서 경제 성장으로 상징되는 발전을 지속적으로 유지하기 위해 생태주의와의 갈등을 잠재워야 한다. 이를 위하여 물질적 풍요로움을 추구하는 산업사회가 인간과 자연에 해를 끼치는 위해요인을 제거하여 지속가능한 발전을 가능하게 해야 한다.

지속가능발전의 달성 목표를 자연 자원의 대체가능성을 기준으로 약한 지속가능성과 강한 지속가능성으로 나누어 지속가능발전에 대해 다르게 접근하고 있다. 약한 지속가능성은 경제활동에 따른 환경 영향은 과학과 기술의 진보와 혁신으로 조정이 가능하여 어느 정도의 환경 훼손은 과학기술의 발달로 극복할 수 있다는 입장이다. 그러나 강한 지속가능성은 경제가 성장함에 따라 환경오염은 계속 증가할 수밖에 없다고 보고 경제 성장과 환경 보전을 동시에 성취하는 것이 불가능하다고 한다.

한편으로 지속가능발전은 환경적으로 지속가능한 상태가 유지되는 것을 의미한다. 그러나 지속가능발전은 환경을 넘어선 그 이상에 대한 이해를 필요로 한다. 지속가능발전에서 강조하는 지속가능성이란 지구사회 전체가 건강하고 행복한, 안정된 상태가 미래에도 계속될 수 있는 상태 또는 특성이라고 하는 광의의 의미를 지닌다. 이는 세대 간 형평성이나 환경 보존, 경제적으로 공평한 분배 등 삶의 질과 연관되며 지구사회라는 광의의 개념에서 인류의 건강하고 행복한 안정된 상태를 지탱하기 위한 가장 필수적인 조건 중 하나가 된다.

더욱 진화된 지속가능발전의 개념은 인간의 개발과 성장·발전방식, 정책 수단과 도구 등을 지속가능한 방식으로 전환할 수 있는가에 대한 내용을 다루고 있다. 전통적인 개발, 성장 방식 뿐 아니라 의사결정, 사고방식과 같은 삶의 방식에도 다양성, 순환성, 상호의존성과 같은 생태계적 방법을 적용하는 방향을 지향하는 것이다.

따라서 지속가능발전은 자연에 대한 시각에 따라 그 개념과 적용 범위가 달라질 수 있는 가변적 특징이 있으며, 정해진 상태나 결과가 아닌 지향점을 향해 나아가는 변화의 과정이라고 정리할 수 있다.

지속가능한 발전의 내용

2002년 요하네스버그에서 열린 지속가능발전을 위한 지구정상회의(WSSD)에서는 지속가능발전의 핵심적 요소로 '빈곤의 근절과 생산 및 소비의 방식 전환'을 꼽았다. 이렇듯 지속가능발전을 경제, 환경, 형평의 이라는 3요소를 축으로 한다고 이해하는 것이 국제사회의 합의된 바라 할 것이다.

이러한 요소를 바탕으로 일반적으로 지속가능한 발전은 통합의 원칙, 개발권의 원칙, 지속가능한 이용의 원칙, 형평의 원칙 등의 요소로 구성되어 있다고 본다.

통합의 원칙

통합의 원칙은 경제적·사회적 개발 계획과 이행에 환경적 고려를 통합시키고, 환경적 의무를 설정,해석,적용함에 있어서 경제적·사회적 발전의 필요성을 고려해야 한다는 것을 의미한다.

리우 선언 원칙 4는 '지속가능한 발전을 성취하기 위해 환경보호는 발전 과정의 중요한 일부를 구성하며 발전과정과 분리시켜 고려해서는 안 된다'고 규정함으로써 통합원칙을 명시하고 있다.

개발권의 원칙

개발권의 원칙은 각 국가가 자국의 자연자원을 개발할 권리를 보유한다는 원칙을 말한다. 리우선언 원칙3은 '개발의 권리는 환경에 대한 현세대와 미래세대의 필요를 형평하게 충족할 수 있도록 실현되어야한다'고 규정함으로써 각 국가의 개발권을 인정하되, 현세대와 미래세대의 필요를 충족시키는 방향으로 실현할 것을 요구하고 있다. 개도국은 그들의 경제개발에 대하여 환경보호차원에서 가해지는 여러 가지 국제법상의 조치에 반발 하면서, 환경보호를 수용하는 조건으로 선진국에게 재정지원과 기술이전을 요구해 왔다. 따라서 이 원칙은 개발권의 명시적 인정을 요구하는 개도국과 지속가능발전의 증진을 요구하는 선진국 간의 타협안으로서 채택된 것이라고 볼 수 있다. 리우선언 원칙3은 국제공동체가 개발권 개념을 인정한 첫 번째 사례이다.

지속가능한 이용의 원

지속가능한 이용의 원칙은 자연자원을 그 재생산능력을 넘지 않는 범위 내에서 이용 내지 개발하여야 한다는 원칙을 말한다. 따라서 지속가능이용의 원칙은 자연자원에 대한 이용을 제한하는 개념으로 작용한다. 리우선언은 지속가능한 이용의 원칙을 직접적으로 정의하는 대신, 원칙 8을 통해 지속가능하지 않은 생산과 소비 패턴의 감소 및 제거,적절한 인구정책 등에 대해 지속가능성을 적용하고 있다.

형평성

대부분의 사람들이 환경문제라고 하면 대량생산과 소비로 인한 부작용 정도로 이해하여 환경문제를 물질적 풍요와 연결시킴에 반해, '의제 21'의 지속가능한 발전의 이념은 환경문제를 빈곤이나 빈부격차와 연결시킴으로써 문제의 본질을 더 근원적으로 파악하고 있다는 점은 특기할 만하다. 즉, 잘 사는 계층과 못사는 계층 사이의 빈부격차 그리고 잘 사는 나라와 못사는 나라 사이의 빈부격차가 자원고갈과 환경오염을 가속화시키고 또 지속가능발전을 저해하는 심각한 요인이라는 문제의식이 깔려 있다.

개방성

구체적인 환경보호조치를 위하여서는 정보의 공개와 공유가 필수적인 요소다. 민주주의의 실현을 위해서는 다원화된 개개의 의사를 통합하여 다수결에 하나의 결론을 얻는 것이 중요하며, 결론에 도달하는 과정에 있어서 충분한 토의가 있어야 하고 충분한 토의는 정보의 공유를 전제로 한다.지속가능한 발전에 있어서 모든 사회 구성

원들이 환경에 관한 정보 등을 공유하고 있을 때에 비로소 최적화된
환경에 관한 의사 결정이 가능한 것이다.

지속가능한 발전의 실현 방법

지속가능한 발전의 실현 방법을 2015년 제 70차 UN총회에서 지속가능발전목표에서 제시하였다. 지속가능발전목표를 보면 다음과 같다.

목표 1. 빈곤 제거 : 모든 곳에 남아 있는 모든 형태의 빈곤을 종식하여 모든 사람의 빈곤을 제거한다.

목표 2. 배고픔 제거 : 기아를 종식하기 위하여 식량 안보와 개선된 영양상태의 달성한다. 그리고 지속 가능한 농업을 강화하여 생산량을 증가한다.

목표 3. 건강과 웰빙 : 모든 연령층을 위한 건강한 삶 보장과 복지 증진을 증진한다.

목표 4. 양질의 교육 : 인간의 행복을 위하여 모두를 위한 포용적이고 공평한 양질의 교육 보장하고, 평생학습의 기회를 증진한다.

목표 5. 남녀평등 : 성평등 달성과 모든 여성 및 여아의 권익을 신장한다.

목표 6. 깨끗한 물과 위생 : 모두를 위하여 깨끗한 물과 위생의 이용가능성과 지속가능한 관리를 보장한다.

목표 7. 저렴하고 깨끗한 에너지 : 저렴한 가격에 신뢰할 수 있고 지속가능한 현대적인 에너지에 대한 접근을 보장한다.

목표 8. 양질의 일자리와 경제성장 : 포용적이고 지속가능한 경제성장과 함께 완전하고 생산적인 고용을 위하여 모두를 위한 양질의 일자리를 만든다.

목표 9. 산업, 혁신 및 인프라 : 회복력 있는 사회기반시설 구축하고, 포용적이고 지속가능한 산업화를 증진하면서 혁신을 도모한다.

목표 10. 감소된 불평등 : 국내 및 국가 간 불평등을 감소시킨다.

목표 11. 지속 가능한 도시와 지역사회 : 포용저이고 안전하며 회복력 있고, 지속가능한 도시와 주거지를 조성한다.

목표 12. 책임 있는 소비와 생산 : 지속가능한 소비와 생산 양식을 보장한다.

목표 13. 기후 행동 : 기후변화와 그로 인한 영향에 맞서기 위한 긴급 대응한다.

목표 14. 수중 생활 : 지속가능발전을 위한 대양, 바다, 해양자원의 보전과 지속가능한 이용을 한다.

목표 15. 지상 생활 : 육상생태계의 지속가능한 보호 · 복원 · 증진을 위하여 숲의 지속가능한 관리를 하며, 사막화 방지, 토지황폐화의 중지와 회복, 생물다양성의 손실을 중단한다.

　목표 16.평화, 정의, 강력한 제도 : 지속가능발전을 위한 평화롭고 포용적인 사회를 증진하며, 모두에게 정의를 보장하고, 모든 수준에서 효과적이며 책임감 있고 포용적인 제도를 구축한다.

　목표 17. 목표를 위한 파트너십 : 이행수단을 강화하고 지속가능발전을 위해서 글로벌 파트너십을 활성화한다.

6장
살아 있는 생태지구를 위한
시스템

지구온난화의 원인과 해결책

지구온난화는 좁은 의미로는 인간 활동으로 인해 19세기 말부터 지구의 평균기온이 상승하는 현상을 말하며, 넓은 의미로는 장기간에 걸쳐 전 지구의 평균 지표면 기온이 상승하는 것을 의미한다. 지구온난화의 지속에 따라 기후 시스템을 이루는 모든 구성요소들은 장기적으로 변화하게 되며, 결과적으로 인간과 생태계에 심각하고 광범위하며 돌이킬 수 없는 영향을 미칠 것으로 추정된다.

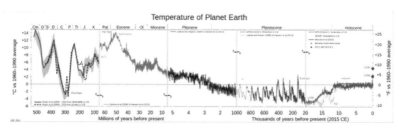

[그림] 지구의 기후

1850년은 산업화가 시작된 해이면서 처음으로 지표기온 관측이 광범위하게 시작된 시기되어 기온 측정의 지표로 사용할 수 있다. 1850년 이후 지구의 평균 지표기온은 꾸준히 상승해 왔으며 2017년 말에는 산업혁명 이전 대비 1도 이상 상승했다. 특히 1900년 이후에 그 상승세가 두드러지며 일정 기간 온난화 경향이 가속화되기도 하였지만, 일정기간 상승세가 멈추는 지구온난화 휴식기가 나타나기도 하였다.

이후에도 꾸준히 지구 온난화가 진행되면서 기후 변화의 심각성이 예고되자 1988년 11월 기후 변화와 관련된 전 지구적 위험을 평가하고 국제적 대책을 마련하기 위해 세계기상기구(WMO)와 유엔환경계획(UNEP)이 공동으로 기후 변화에 관한 정부 간 협의체(IPCC Intergovernmental Panel on Climate Change)를 설립하였다.

2014년 이후 온난화가 다시 가속화 되고 있으며 2016년과 2017년은 각각 관측 역사상 지구 평균 지표기온이 가장 높았던 해와 세번째로 높았던 해로 기록되었다.

2007년 2월 프랑스 파리에서 개최된 기후 변화에 관한 정부 간 협의체(IPCC)회의에서 발표된 4차 특별보고서는 금세기 안에 지구 표면 온도가 섭씨 1.8~4.0도 상승할 것으로 예상하고 더욱 심각한 폭우, 가뭄, 폭염, 해수면 상승 등이 이어질 것이라고 경고하였다.

2013년 9월 27일 스웨덴의 수도 스톡홀름에서 열린 기후 변화에 관한 정부 간 협의체(IPCC)회의 5차 보고서에서는 온실기체 감축

을 위한 노력을 하지 않고 현재와 같이 지속적으로 배출한다면 2100
년에 이르러 전 지구평균 지표기온이 산업혁명 전 대비 약 4도에서 5
도 정도 증가할 것이라고 경고하였다.

지구 온난화로 인한 문제의 심각성이 높아지자 이에 대한 문제
의식을 공유하기 위하여 2015년 12월 12일 파리에서 제21차 유엔
기후변화협약 당사국 총회(COP21)를 열고 96개국 4만 명이 모여
2100년까지 전 지구평균 지표기온 상승을 산업혁명 전 대비 1.5도
이하로 낮추기 위한 기후협약을 체결하였다.

원인

지구의 기후를 변화시키는 원인으로는 자연적 요인과 인위적 요
인으로 나눌 수 있다. 기후변화의 자연적 요인은 태양활동의 변화, 태
양-지구 사이의 상대적인 천문학적 위치변화, 화산 폭발에 의한 성층
권 에어로졸 증가 등을 들 수 있으며, 인위적 요인은 인간 활동에 의
한 온실기체 증가와 SOx 및 NOx 계열 에어로졸 증가, 그리고 토지
이용의 변화 등을 들 수 있다.

지구의 대기는 일반적으로 복사강제력이 커지면서 지구 평균 지
표기온이 상승하며, 복사강제력이 작아지면 지표기온이 하강하게
된다.

기후 변화에 관한 정부 간 협의체(IPCC) 5차 평가보고서에 의하
면 산업혁명 이후 전 지구 평균 지표기온 상승에 자연적 요인인 자연
강제력 및 자연적 내부 변동성은 거의 기여하지 않았으며, 인위적 온

실기체 증가가 이 지표기온 상승에 주요 원인임을 알 수 있다

산업혁명이 시작되던 시기에 대기 중 이산화탄소 농도는 280 ppm이었으나 이후 기하급수적으로 증가하여 2017년 12월에는 약 405ppm에 이르렀다. 이처럼 지구상에 이산화탄소의 양이 증가함에 따라 지구온도가 높아지는 것을 확인할 수 있기 때문에 지구온난화의 원인을 이산화탄소를 포함하는 온실기체가 증가하기 때문인 것으로 평가된다. 지금까지 연구된 결과로는 지구온난화에 이산화탄소가 약 60%를 기여했으며, 메탄, 대류권 오존, 아산화질소가 각각 15%, 8%, 5%를 차지한 것으로 평가된다. 만약 앞으로 이산화탄소 배출 규제가 없을 경우 2050년에는 약 450ppm을 넘어설 것으로 추정되어 더욱 심각한 온난화가 예측되고 있다.

영향

인위적 온실가스 증가에 의한 지구온난화는 단순히 전 지구평균 지표기온의 상승에만 국한된 문제가 아니라 해수면 상승, 해양산성화, 물순환 변화, 대기오염, 이상기온, 태풍과 강우량, 생태계 다양성 훼손 등의 심각한 문제를 일으키고 있다.

지구온난화로 인하여 2013년까지 해수면은 산업혁명 전 대비 19cm 증가한 것으로 나타났다. 만약 앞으로 전지구평균 지표기온이 2도 이상 상승한다면 전지구 해수면 온도는 해수의 열팽창 및 대륙에 있는 빙하를 녹여 해수면이 1m에서 4m까지 상승할 가능성이 있다. 해수면이 상승하면 당장 섬으로 구성된 나라의 영토가 많이 잠기

게 되어 몇몇 섬나라는 지구 온난화가 50년 이상 지속될 경우 나라의 존속을 걱정해야 할 상황이다.

지구온난화는 기상과 관련된 모든 것이 영향을 받는다고 생각하면 된다. 단순하게 폭염부터, 집중호우로 인한 홍수와 산사태, 가뭄 등으로 인한 산불과 사막화, 북극권 제트기류의 약화로 인한 극심한 한파와 폭설, 세력이 강해진 열대 저기압 등 다양한 기상 변화와 그로부터 비롯한 재난들의 발생일시와 크기를 예측하기 어려워지고 그 빈도가 높아지게 된다. 이미 현재로서도 기후 관련 재난이 속출하고 있지만 앞으로는 배의 배를 능가할 정도로 빈번해져서 사람이 살기조차도 어려울 정도로 심각해진다는 것이 문제다.

육상 생태계도 지구온난화의 영향을 받고 있다. 봄철이 빨리 시작되면서 식물과 동물들의 서식지가 북쪽과 고도가 높은 곳으로 이동되고 있다. 이와 더불어 많은 생물 종들이 멸종되며 생태계 다양화가 줄어들고 있다.

해결 방안

지구온난화를 해결하는 가장 좋은 해결책은 화석연료 사용을 최대한 억제하여 이산화탄소 배출을 줄이는 것이다.

첫째, 에너지와 자원 절약의 실천이다. 가정 및 직장에서의 냉·난방 에너지 및 전력의 절약, 수돗물 절약, 공회전자제, 대중교통 이용, 카풀제 활용, 차량 10부제 동참 등이 대표적인 방법이다. 이러한 노력이 약간의 불편을 초래하는 측면은 있으나, 사회 전체적으로는 에너지 소비 및 온실가스 배출량을 감축시킴으로써 국가 부의 증대에 기여한다.

둘째, 환경 친화적 상품으로의 소비양식 전환이다. 동일한 기능을 가진 상품이라면 환경오염 부하가 적은 상품, 예를 들면 에너지 효율이 높거나 폐기물 발생이 적은 상품을 선택하는 것이 최선의 방법이다. 이러한 소비패턴이 정착될 경우 생산자도 제품생산시 소비성향을 고려하게 되므로, 장기적으로는 경제구조 자체가 환경 친화적으로 바뀌게 된다. 고효율등급의 제품 및 환경마크 부착제품을 구입한다.

셋째, 폐기물 재활용의 실천이다. 온실가스 중의 하나인 메탄은 주로 폐기물 매립 처리과정에서 발생하며 재활용이 촉진되면 매립지로 반입되는 폐기물량이 감소하므로 메탄 발생량도 따라서 감소한다. 또한 폐기물 발생량이 감소하면 소각량이 감소하여 소각과정에서 발생하는 이산화탄소 배출량도 감소한다. 폐지 재활용은 산림자원 훼손의 둔화를 통해 온실가스 감축에 기여한다.

넷째, 나무를 심고 가꾸기를 생활화한다. 나무는 이산화탄소의 좋은 흡수원이다. 예를 들어, 북유럽과 같이 산림이 우거진 국가는 흡수량이 많아 온실가스 감축에 큰 부담을 느끼지 않는 것이 좋은 예인 것이다.

미국의 그린 뉴딜, EU의 그린 딜, 한국판 그린 뉴딜

그린뉴딜은 환경과 사람이 중심이 되는 지속 가능한 발전을 뜻하는 말로, 저탄소·친환경·자원절약 등 환경을 뜻하는 '그린'과 미국 프랭클린 D. 루스벨트 행정부의 경기부양책인 일자리 창출을 뜻하는 '뉴딜' 을 합한 말이다. 그린뉴딜은 보는 관점에 따라서 의미의 차이가 있다.

현재 화석에너지 중심의 에너지 정책을 신재생에너지로 전환하는 등 저탄소 경제구조로 전환하면서 고용과 투자를 늘려 경기부양과 고용 촉진을 끌어내어 기후변화와 경제적 문제를 아울러 해결하기 위해 제시한 정책이나 법안을 말한다. 한국의 녹색성장과 같은 개념이다.

그린뉴딜의 세 가지 핵심원칙은 기후변화대응(Climate), 일자리 창출(Jobs), 불평등해소(Equity)로 기존 화석연료 중심의 산업구조를 친환경에너지로 대체해 기후변화에 적극적으로 대응하고 산업 구조를 재정립하는 과정에서 양질의 일자리를 대거 창출하며 결론적으로 기후변화, 환경오염에 더욱 취약한 계층의 상황을 개선해 불평등을 해소하는 것을 목표로 한다.

그린뉴딜의 역사

2008년 06월 27일 뉴욕타임즈 칼럼니스트 토마스 프리드먼(Friedmen)은 '그린뉴딜'이라는 용어를 뉴욕타임즈의 사설 '정원의 경고'과 저서 '코드 그린(Code Green)'에서 처음 사용했다. 토마스는 화석연료 산업계의 보조금 지급을 중단하고 이산화탄소 배출량에 따른 세금을 부과하며 풍력, 태양력과 같은 재생에너지에 지속적인 인센티브를 제공해야 한다고 주장했다.

2008년 10월 유엔환경계획(UNEP)는 영국 런던에서 '친환경 뉴딜(Green New Deal)정책'을 새로운 성장동력으로 제시하고 환경 분야에 대한 투자를 활성화하자고 주장하였다.

2019년 10월 1일 대한민국 인천 송도 컨벤시아에서 제48차 기후변화에 관한 정부 간 협의체(IPCC) 총회에서 발표한 특별보고서에 따르면 지구 평균기온 상승을 1.5℃ 선에서 저지하려면 CO_2 배출량을 2030년까지 2010년 대비 45%를 줄이고 2050년까지는 탈탄소 사회를 요구했다. 생각보다 급진적인 정책의 필요성으로 세계 각국에서 그린뉴딜에 대한 관심이 커졌다.

2020년 5월 9일 파리경제대 교수 토마 피케티(Thomas Piketty)는 일간지 「르몽드」지에 '위기 이후 녹색 기금의 시대'라는 제목의 칼럼을 통해 코로나19 사태로 인한 경제적 충격을 해결하기 위해서는 환경 분야에 집중적인 투자를 하는 '그린 뉴딜'이 필요하다고 제안하였다. 그래서 그린뉴딜은 코로나19 극복 이후 다가올 새로운 시대·상황, 이른바 '포스트 코로나'의 핵심 과제로 꼽히고 있다.

미국의 그린뉴딜

버락 오바마가 2008년 대선에 출마하며 프리즈먼의 '그린뉴딜'을 캠프 공약에 포함시켰다. 2008년 1월 미국 대통령 선거에서 당선된 버락 오바마는 미국 프랭클린 루스벨트 전 대통령이 사회간접자본에 투자한 뉴딜정책으로 대공황을 타개했듯이 오바마 대통령도 신재생에너지 부문에 10년간 1500억 달러를 투자해 500만 개의 녹색 일자리(Green Job)를 창출하겠다고 밝혔다. 또한 미국이 지구온난화 문제를 주도하는 기후변화 주도국으로 도약할 것이란 계획을 밝힌바 있다.

2021년 1월 조 바이든 대통령은 기후 변화에 대처하고 경제적 기회를 창출하기 위해 4년간 2조 달러(약 2천401조원)를 청정에너지 인프라에 투자하려 재생에너지, 전기차, 수소차 산업의 성장을 가속화시킬 것이라고 하였다.

오바마 대통령

조 바이든 대통령

유럽의 그린 딜

　기후변화를 비롯한 환경문제는 유럽에도 위협이 되고 있다. 다른 지역보다 산업화가 발달된 유럽에서는 환경문제가 심각해짐에 따라 다른 나라에서 하는 그린뉴딜보다 자원 효율적이며 경쟁력 있는, 현대화된 경제 패러다임으로 변모하기 위한 성장 전략의 필요성이 대두되었다.

　2019년 12월 11일 유럽 연합 집행위원회(European Commission) 위원장 우르줄라 폰데어라이엔(Ursula von der Leyen)은 다른 나라와 차이가 있는 유럽의 새로운 경제 전략인

유럽 연합 집행위원회 위원장
우르줄라 폰데어라이엔

그린 딜(Green Deal) 정책을 발표하였다.

그린 딜 정책은 전반적인 생산과 소비 방식의 변화를 통해 유럽경제를 지속가능하고 경쟁력 있게 만듦으로써 EU가 전 세계 국가들이 이에 함께 동조하도록 설득할 수 있는 글로벌 리더로서의 역할을 수행하게다고 하였다.

실제로 EU는 2012년까지 1990년 대비 온실가스 배출량을 8% 감축할 것을 약속한 교토의정서를 시작으로 2009년에는 2020년까지 온실가스 배출량을 1990년 대비 20% 감축 에너지 효율과 전체 에너지 중 재생 에너지의 비율을 각각 20%씩 높이는 2020 패키지 법안을 제정하였다.

이후 체결된 파리협정에서 2030년까지 1990년 대비 온실가스 배출량 40% 감축을 목표로 설정하는 등 꾸준히 온실가스 배출목표를 확립하고 이행을 위한 법적 구속력 있는 정책을 수립하면서, 기후변화에 적극적으로 대응하는 국가 중 하나로 자리매김 해왔다.

EU가 새롭게 제시한 유럽 그린 딜 정책의 핵심은 2050년까지 탄소 순배출량을 '0(Zero)'으로 감축하는 '탄소중립(carbon neutral)'이 목표이다.

한국판 뉴딜

한국판 뉴딜은 코로나19로 인해 최악의 경기침체와 일자리 충격 등에 직면한 상황에서 위기를 극복하고 코로나 이후 글로벌 경제를 선도하기 위해 마련된 국가발전전략이다. 한국은 한국판 뉴딜 정책 추진을 통해 포스트코로나 시대에 효과적으로 대응하고 세계적 흐름에서 앞서나가겠다는 목표다.

2020년 4월 22일 5차 비상경제회의에서 문재인 대통령은 포스트 코로나 시대의 혁신성장을 위한 대규모 국가 프로젝트로서 '한국판 뉴딜'을 처음 언급하였다.

2020년 5월 7일 홍남기 부총리겸 기획재정부장관이 주재한 '제2차 비상경제 중앙대책본부 회의'에서 3대 프로젝트와 10대 중점 추진 과제를 담아 그 추진방향을 발표했다. 이후 한국판 뉴딜 추진 전담조직(TF) 구성, 분야별 전문가 간담회, 민간제안 수렴 등을 거쳐 7월 14일, 제7차 비상경제회의 겸 한국판 뉴딜 국민보고대회를 통해 추진계획이 발표됐다.

문재인 대통령은 국민보고대회 기조연설에서 "한국판 뉴딜은 선도국가로 도약하는 '대한민국 대전환' 선언"이라며, "추격형 경제에서 선도형 경제로, 탄소의존 경제에서 저탄소 경제로, 불평등 사회에서 포용 사회로" 대한민국을 근본적으로 바꿔 "대한민국 새로운 100년을 설계"하는 것이라고 강조했다.

2021년 7월 14일, 제4차 한국판 뉴딜 전략회의에서는 한국판 뉴딜 추진 1년을 맞아 그간의 성과를 공유하고, 새로운 요구와 상황 변화에 맞춘 '한국판 뉴딜 2.0'을 발표했다.

문재인 대통령

　'한국판 뉴딜 2.0'은 국제 환경의 변화에 능동적으로 대응하며 디지털 전환과 그린 전환에 더욱 속도를 높이고, 격차 해소와 안전망 확충, 사람투자에 더 많은 관심을 기울이는 한단계 진화한 전략이다. 디

[한국판 뉴딜 1.0 → 2.0 추진과제 변화]

	한국판 뉴딜 1.0		한국판 뉴딜 2.0
디지털 뉴딜	① D.N.A. 생태계 강화	→	① D.N.A. 생태계 강화
	② 교육 인프라 디지털 전환	→	② 비대면 인프라 고도화 (통합)
	③ 비대면 산업 육성		③ 메타버스 등 초연결 신산업 육성 (신설)
	④ SOC 디지털화	→	④ SOC 디지털화
그린뉴딜	① 도시·공간·생활 인프라 녹색 전환	→	① 탄소중립 추진기반 구축 (신설)
	② 저탄소·분산형 에너지 확산	→	② 도시·공간·생활 인프라 녹색 전환
	③ 녹색산업 혁신 생태계 구축	→	③ 저탄소·분산형 에너지 확산
		→	④ 녹색산업 혁신 생태계 구축
휴먼뉴딜 ↑ (안전망 강화)	① 고용·사회 안전망	✕	① 사람투자
	② 사람투자		② 고용·사회 안전망
			③ 청년정책 (신설)
			④ 격차해소 (신설)

지털 뉴딜과 그린뉴딜을 뒷받침하던 '안전망 강화'를 '휴먼 뉴딜'로 확대해 디지털 그린 뉴딜과 더불어 또 하나의 새로운 축으로 세워 추진한다.

인류는 30년 내에
화석연료를 태우는 일을 멈춰야 한다

화석연료(化石燃料)란 석탄·석유·천연가스와 같이 고생물의 유해가 지하에 매장되어 생성된 자원들의 통칭. 화석에너지라고도 한다. 과거 지질시대에 지각(地殼)에 묻혔던 동식물의 유해들이 지하에서 오랜 세월에 걸쳐 변화된 물질들을 가리키며, 석탄·석유·천연가스가 대표적인 예이다.

석탄

역사적으로 산업혁명이 시작되면서 석탄이 중요한 에너지 자원으로 이용되면서 화석연료의 사용이 세계적으로 증가하기 시작하였다. 석탄은 석유에 비해 매장량도 많고 비교적 넓은 지역들에 걸쳐 분포되어 있다. 석유에 비해 값이 싼 편이고 이로 인해 난방, 공업원료 및 동력자원 등으로 폭넓게 이용되고 있다. 그러나 대기오염 물질을 많이 배출하여 환경오염의 주요 요인이 되기도 한다.

석유

20세기 이후에는 석유가 석탄보다 중요한 자원으로 대두되었고, 이후 천연가스까지 그 사용량이 크게 증가하면서 화석연료는 현재까지 인류가 이용하고 있는 가장 중요한 에너지 자원이 되었다.

석유는 자동차나 항공기, 선박 등 운송수단의 동력원이 될 뿐 아니라 화력발전 및 석유화학공업, 각종 공업 등의 원료가 되기 때문이다. 특히 석유는 그 매장된 장소의 분포가 일부 지역에 편중되어 있어서 이들 석유자원을 둘러싼 각국의 경제적·정치적 이해관계가 복잡하고 민감하다. 그러나 석유도 대기오염 물질을 많이 배출하여 환경오염의 주요 요인이 되고 있다. 석유자원의 사용량이 폭발적으로 증가함에 따라 머지않아 고갈될 것으로 예상되고 있다.

천연가스

천연가스는 주로 석유가 채취되는 유전에서 석유와 함께 얻을 수 있는 자원으로 탄화수소로 이루어진 기체 상태의 가스를 가리킨다. 초기에는 주목을 받지 못하였으나 냉동 액화 기술의 발달로 운반이 쉬워지면서 세계적으로 수요가 급증하였다.

석탄·석유에 비해 대기오염 물질이 적어 현대에 들어와 가정용 난방 연료로 많이 쓰이며, 발전용 및 산업용으로도 많이 사용된다.

최근에는 기존의 천연가스와 다른 새로운 형태의 셰일가스 채취가 이루어지면서 천연가스 사용이 더욱 확대되고 있다.

화석연료는 현재 세계를 움직이는 가장 중요한 자원이지만, 근래에 들어 이들로 인한 환경오염이 세계적으로 문제가 되고 있다. 석탄과 석유는 연소과정에서 이산화황(SO_2), 일산화탄소(CO), 질소산화물 등의 오염 물질들을 다량 배출함으로써 지구온난화를 일으키는 온실가스가 되었다.

따라서 오늘날 기후변화에 대한 대책으로 화석연료 사용을 어떻게 줄인 것인가와 화석연료를 대체할 수 있는 신재생에너지의 개발과 활용이 세계적인 화두가 되고 있다. 원자력 발전이 화석연료를 대체할 수 있는 대안으로 많은 나라들이 도입하였지만 사고에 대한 위험과 폐기물 처리 등의 문제들로 원자력 발전을 폐기하거나 증설하는데 신중을 기하고 있다.

화석연료를 대체하는 가장 좋은 방법은 태양광, 태양열, 바이오, 풍력, 수력 등이 있고, 신에너지에는 연료전지, 수소에너지 등의 신재생에너지의 개발과 활용이라고 할 수 있다. 신재생에너지의 사용이야말로 오염 물질 배출이 적고, 지속 가능한 에너지로 주목받고 있다.

탄소중립 실현을 위한
탄소 시장의 역할

탄소중립은 이산화탄소를 배출한 만큼 이산화탄소를 흡수하는 대책을 세워 이산화탄소의 실질적인 배출량을 '0'으로 만드는 것을 말한다. 즉 기업이나 개인이 배출한 이산화탄소 배출량만큼 이산화탄소 흡수량도 늘려 실질적으로 이산화탄소 배출량을 '0'으로 만들어 이산화탄소 총량을 중립 상태로 만든다는 의미다.

지구 온난화로 폭염, 폭설, 태풍, 산불 등 이상기후 현상이 세계 곳곳에서 나타남에 따라 국제사회는 기후변화 문제의 심각성을 인식하고 이를 해결하기 위해 선진국에 의무를 부여하는 '교토의정서' 채택(1997년)하였다. 교토의정서는 지구 온난화의 규제 및 방지를 위한 국제 협약인 기후변화협약의 수정안이다. 이 의정서를 인준한 국가는 이산화탄소를 포함한 여섯 종류의 온실 가스의 배출을 감축하며 배출량을 줄이지 않는 국가에 대해서는 비관세 장벽을 적용하게 도록 하였다.

탄소중립이라는 용어는 2006년 「옥스퍼드 사전(New Oxford American Dictionary)」이 올해의 단어로 선정되었다.

2016년 발효된 파리협정은 산업화 이전 대비 지구 평균온도 상승을 2℃ 보다 훨씬 아래(well below)로 유지하고, 나아가 1.5℃로 억제하기 위해 모든 나라는 노력해야 한다는 것이었다. 이를 위하여 121개 국가들이 모여 '2050 탄소중립 목표 기후동맹'에 가입함으로써 탄소중립 선언을 가속화하며, 이행에 대한 준비에 박차를 가했다. 2019년 12월 유럽연합을 시작으로 중국(2020년 9월 22일), 일본(2020년 10월 26일), 한국(2020년 10월 28일) 등의 탄소중립 선언을 하였다.

탄소중립을 실행하는 방법에는 세 가지가 있다.

첫째는 이산화탄소 배출량에 상응하는 만큼의 숲을 조성하여 산소를 공급하는 방법이다. 이 방법의 원리는 숲을 조성하기 위해서 배출한 이산화탄소의 양을 계산하고 탄소의 양만큼 나무를 심는 것이다.

둘째는 화석연료를 대체할 수 있는 무공해에너지인 태양열·풍력 에너지 등 재생에너지 분야에 투자하는 방법이다. 이 방법의 원리는 풍력·태양력 발전과 같은 청정에너지 분야에 투자해 오염을 상쇄하는 것이다.

셋째는 이산화탄소 배출량에 상응하는 탄소배출권을 구매하는 방법이다. 탄소배출권(이산화탄소 등을 배출할 수 있는 권리)이란 이산화탄소 배출량을 돈으로 환산하여 시장에서 거래할 수 있도록 한 것인데, 탄소배출권을 구매하기 위해 지불한 돈은 삼림을 조성하는 등 이산화탄소 흡수량을 늘리는 데에 사용된다.

한국의 산업자원부에서는 2008년 2월 18일부터 대한상공회의소, 에너지관리공단, 환경재단 등 21개 기관과 공동으로 개최하는 제3차 기후변화 주간에 탄소중립 개념을 도입해 이산화탄소를 상쇄하고자 하는 노력을 시작하였다.

2020년 7월 7일에는 국내 지자체의 의지를 결집해 탄소중립 노력을 확산하기 위한 탄소중립 지방정부 실천연대가 발족되기도 했다.

한국 정부는 2020년 12월 7일 '경제구조의 저탄소화', '신유망 저탄소 산업 생태계 조성', '탄소중립 사회로의 공정전환' 등 3대 정책방향에 '탄소중립 제도적 기반 강화'를 더한 '3+1' 전략으로 구성돼 있는 '2050 탄소중립 추진전략'을 발표했다. 그리고 3대 정책방향에 따른 10대 과제로는 '에너지 전환 가속화', '고탄소 산업구조 혁신', '미래모빌리티로 전환', '도시·국토 저탄소화', '신유망산업 육성', '혁신 생태계 저변 구축', '순환경제 활성화', '취약산업·계층 보호', '지역중심의 탄소중립 실현', '탄소중립 사회에 대한 국민인식 제고' 등을 제시하였다.

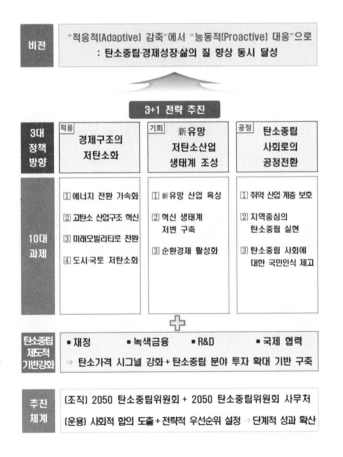

탄소세 부과가 위협적인가?

탄소세란 이산화탄소 배출량을 돈으로 환산하여 시장에서 거래할 수 있도록 한 것을 말한다. 탄소세는 이산화탄소 배출량을 줄이기 위한 목적으로, 화석연료를 사용하는 경우 연료에 함유되어 있는 탄소 함유량에 비례하여 세를 부과하는 제도로 선진국을 중심으로 시행되고 있는 제도다. 즉, 탄소세란 일종의 종량세로서 탄소배출량에 따라 세를 부과하는 것으로 이는 에너지사용에 따라 불가피하게 배출되는 이산화탄소의 배출을 억제하는 데 그 목적이 있다.

탄소세는 탄소 배출 규제가 약한 국가에서 규제가 강한 국가로 상품 및 서비스를 수출할 때 적용받는 무역 관세의 일종으로 국가를 넘어 무역 환경에도 영향을 주며 자국 외의 국가에서도 탄소 배출을 줄이는 효과를 기대하는 제도다.

탄소세 부과는 탄소 배출자로 하여금 배출로 인한 부담을 줄이기 위해서 자체적으로 탄소배출을 줄이게 하는 효과를 가져올 수 있다. 탄소 배출을 줄이지 못하게 되면 사용량만큼 탄소세를 부과하게 되고, 탄소세는 대기 오염을 줄이거나 제거하는 데 사용하기 때문에 결과적으로 탄소 배출을 줄이는데 효과가 있다.

전 세계에서 탄소세를 가장 먼저 도입한 핀란드는 1990년에 연소 시 발생하는 탄소 배출량을 측정하는 방식으로 시행하였다. 2019년 1월에는 측정 방식을 변경하여 원료 채취부터 제조, 수송, 사용, 폐기까지 전 과정을 아우르는 연료의 라이프 사이클에 대한 배출량을 포함해 계산하도록 하였다. 현재 이에 따른 급격한 탄소세 인상을 방지하기 위해 탄소세율을 일부 인하하고 배출권 무료 할당 정책을 시행 중이다.

1991년 탄소세를 도입한 스웨덴은 세율이 가장 높은 나라로 당시 법인세를 대폭 삭감하고 저소득층과 중산층의 소득세를 감면했으며 덴마크 역시 1992년 탄소세를 도입하며 기존의 에너지세를 인하하고 소득세·법인세·판매세 등을 감면했다. 이외에도 네덜란드, 노르웨이, 일본, 싱가포르 등 25개 국가에서 탄소세를 도입하여 시행하고 있다.

대부분의 나라들은 국가경쟁력을 감안하여 제조업에 대해서는 탄소세를 면제하거나 낮은 세율을 적용하고 있다. 예를 들어 노르웨이는 연료에 따라 탄소세를 차등 부과하고 있다. 그러나 제조업체들이 많이 사용하는 연료인 석탄과 코크스에 대해서는 낮은 세율이 부과되고 있어 다른 나라와 마찬가지로 제조업에 대해서는 특혜를 주고 있다. 특히 시멘트 생산과 연안어업을 위해 사용된 연료에 대해서는 탄소세 전액을 제지산업에 사용된 연료에 대해서는 탄소세의 50%를 면제해 주고 있다. 중국은 베이징 등 7개 대도시가 2013년 시범사업으로 시작한 탄소거래제도는 2017년 전국으로 확대됐다.

현재까지의 선진국의 연구결과에 따르면 2000년까지 1990년 수준으로 이산화탄소 배출을 동결시키고, 2020년까지 20%를 추가적으로 감축시키기 위해 약 탄소환산 톤당 200~300달러의 탄소세 부과가 필요한 것으로 추정되고 있다. 이 경우 세계경제에는 약 2~3%의 GDP 감소가 초래될 것으로 추정되고 있으며 선진국과 비교하여 에너지 다소비 업종의 비중이 높고 에너지 효율이 상대적으로 낮은 경우의 나라들은 그 영향이 더욱 클 것으로 예상된다.

탄소세를 부과한 나라들을 분석해보면 탄소세 부과로 인하여 생산비가 증가함으로 인해서 물가 인상의 부작용을 가져올 수 있고 과징금의 수준이 지나치게 높을 경우에는 신기술의 도입 등을 통해 탄소 배출을 줄이려는 노력을 포기하게 하여 공해발생을 줄이기보다는 오히려 음성화시킬 가능성이 있다는 단점이 있다. 또한 탄소 배출자의 입장에서 볼 때 신기술의 도입과 탄소 배출을 줄이는 장비를 구입·설치하는 비용보다 오염물질을 배출하고 내는 부과금이 적은 경우에는 부과금을 내게 되는 단점도 있다.

따라서 탄소세가 탄소 배출을 줄이는 효율적인 제도가 되기 위해서는 탄소 배출을 줄이기 위하여 들어가는 비용과 기술적인 면을 충분히 감안해야 할 뿐 아니라, 제도 자체에 변화하고 있는 탄소 배출 감소 기술의 수준을 반영시킬 수 있어야 하며 계속적으로 기업으로 하여금 탄소 배출을 줄이는 신기술을 개발하도록 하는 유인을 제공할 수 있어야 한다.

온실 가스가 초래하는 심각한 기상이변

　　최근 인류 역사상 보기 힘든 유례없는 극단적인 기상이변으로 인해 지구 전체가 심각한 자연재해를 피해를 당하고 있다. 기상이변은 평상 시 기후의 수준을 크게 벗어난 기상현상을 의미하며 기후는 보통 30년을 기준으로 삼는다.

　　세계기상기구(WMO)에서는 기상 이변을 기온과 강수량을 대상으로 정량적 통계분석에 의한 이상기상의 발생수와 변화를 취급하는 경우에는 월평균기온이나 월강수량이 30년에 1회 정도의 확률로 발생하는 기상현상이라고 정의하였다.

　　기상이변의 원인으로는 지구온난화, 엘니뇨, 라니냐 등을 꼽고 있다.

　　엘니뇨와 남미 연안의 태평양 해수면 온도가 평소에 비해 섭씨

+0.5도 이상 상승하는 상태로 5개월 이내의 기간 동안 지속되는 현상을 가리킨다. 라니냐는 반대로 남미 연안의 태평양 해수면 온도가 평소에 비해 섭씨 +0.5도 이상 낮아지는 상태로 5개월 이내의 기간 동안 지속되는 현상을 가리킨다.

엘니뇨와 라니냐는 수년에 한 번씩 찾아오는 현상일 뿐이기 때문에 지금처럼 기상이변이 자주 발생하게 하는 것을 설명하기 어렵기 때문에 지금의 기상이변은 주범은 지구온난화라고 할 수 있다. 기상이변으로 인해 생긴 현상은 홍수, 가뭄, 폭염, 폭우, 우박, 폭설, 해수면 상승, 빙하 유실, 폭풍과 허리케인 같은 광풍 등 극단적인 기후현상이 다양한 형태로 나타나고 있다.

빙하 유실

빙하 유실은 기온이 상승하면 빙하가 녹는 현상을 말한다. 빙하 표면이 열에 의해서 녹으면 얼음 속에 있던 그을음이나 먼지 등 어두운 부분들이 노출되면서, 빙하는 햇빛을 많이 흡수하게 되고 더 빨리 얼음이 녹는다.

프랑스 툴루즈 대학의 국제 연구팀은 미국 항공우주국(NASA)의 인공위성 테라의 사진 등을 이용해 2000~2019년 빙하가 녹는 정도를 분석한 결과를 네이처지에 실었다. 연구팀은 컴퓨터를 이용해 위성사진을 토대로 전 세계 21만7천175곳의 빙하의 높이, 부피, 질량 등의 변화를 분석한 결과 21세기 들어 매년 약 2700억톤의 빙하가 녹아 물이 된 것으로 나타났다. 빙하가 녹는 이유는 지구 온난화로 인해 대기가 더워지는 데다 강설량 또한 줄고 있기 때문인 것으로 나타났다.

빙하가 녹으면 나타나는 문제점은 다음과 같다.

1) 해수면 상승

빙하가 녹아 물이 된 양은 20세기 동안 평균 해수면은 20㎝ 정도 상승했으며, 전 세계 해수면 상승의 5분의 1을 차지한다. 영국 잉글랜드 지역을 매년 2m 높이로 채울 수 있는 양에 해당한다. 더 큰 문제는 빙하가 녹는 속도는 시간이 빨라진다는 것이다.

앞으로 수온이 섭씨 1도만 올라가도 지구의 해수면은 40㎝ 높아진다. 전 세계 인구의 약 40%가 해안에서 100㎞ 이내의 거리에 살고 있는데 해수면 상승은 이들에게 곧바로 영향을 미친다. 예를 들면, 상당한 면적의 땅이 바다에 잠기고 지하수에 바닷물이 섞여든다.

해수면이 상승하게 되어 몰디브, 투발루, 키리바시 등과 같은 섬나라들은 이미 수몰 위기에 처해 있다. 1만 명이 살고 있는 투발루는 국토 상당 부분이 물에 잠겨 50년 안에 지도에서 사라지게 된다. 10만 명이 사는 33개의 섬나라 키리바시 역시 지난 1999년 2개의 섬은 이미 물에 잠겼다.

최근 인도네시아도 해수면의 상승으로 수도를 자카르타에서 다른 곳으로 옮길 계획을 하고 있다. 인도네시아는 1만7천 개의 섬으로 이뤄져 있는데, 지구온난화에 따른 해수면 상승과 지반 침하로 2100년경이면 해안 도시 대부분이 물에 잠길 것으로 예측된다. 특히 자카르타는 해마다 평균 7.5㎝씩 지반이 내려앉아 이미 도시 면적의 40%가 해수면보다 낮아진 상태다. 이대로 가다가는 자카르타뿐 아니라, 해안 지역에 있는 대도시들에서는 지하수에 바닷물이 스며들어 식수와 농업용수 위기도 닥칠 것이다.

2) 역전순환류(AMOC) 기능 상실

빙하가 녹으면 열대의 따뜻한 해류를 북대서양으로 이동시키는 대서양 자오선 역전순환류(AMOC) 기능도 거의 기능을 상실할 위험에 처하게 된다. 지금까지 대서양 자오선 역전순환류(AMOC)은 북쪽에서 내려오는 무거운 한류가 심해로 가라앉으면서 바다에 용해된 이산화탄소를 함께 심해로 가두어 대기 중 이산화탄소를 제거하여

기후 온난화의 속도를 늦출 수 있었다. 그러나 빙하가 녹으면서 대량의 한류가 내려오기 때문에 대서양 자오선 역전순환류(AMOC) 기능이 더 이상 유지하기 힘들어 지게 된다.

대서양 자오선 역전순환류(AMOC) 기능의 순환 기능이 멈추면 유럽과 북미 지역에 극심한 한파가 찾아오고, 반대로 미국 동해안을 따라 해수면을 상승시켜 전 세계에 물을 공급하는 몬순(계절성 강우) 주기를 교란할 수 있다.

3) 해류순환에 영향

빙하가 녹으면 해류 순환에도 영향을 미친다. 적도 부근의 따뜻한 물은 해류를 통해 북반부로 이동하고 또다시 적도로 내려오는데, 이를 통해 북반구는 더 차가워지지 않게 적도는 더 뜨거워지지 않게 작용해왔다.

해류 순환은 바닷물 속 염분의 밀도 차이를 통해 가능했는데 빙하는 염분이 없는 담수로 이뤄져 있기 때문에 녹은 빙하에서 유입된 담수가 북대서양의 염도를 희석시켜 밀도를 떨어 뜨리게 한다. 녹은 얼음물이 바닷물과 섞일수록 결국 해류의 순환을 느리게 해 문제가 커지게 된다.

실제로 지구온난화 영향 때문에 20세기 중반 이후 대서양 해류 순환 속도가 15% 정도 느려졌으며 느려진 해류는 바닷물의 온도에 영향을 줘 해수 온도가 높아지는 엘니뇨나 해수 온도가 낮아지는 라니냐 발생에 영향을 줘 슈퍼 태풍이나 폭염, 한파를 더 많이 발생시킬 수 있다.

4) 바이러스의 출현

빙하가 녹으면 빙하 속에 잠들어 있던 각종 바이러스들도 나타
날 수 있다. 실제로 지난 2016년에는 러시아 서시베리아 지역의 영구
동토층이 녹으면서 3만 년 전 잠들어있던 탄저균이 깨어나 인근 순록
2,300여 마리가 떼죽음을 당한 적이 있다.

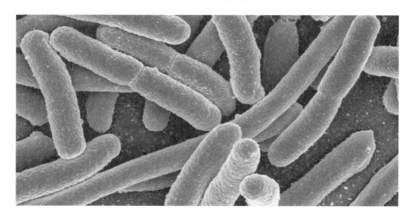

5) 지각 구조의 변화

녹아내린 빙하는 지각 구조의 변화를 일으켜 지진이나 화산폭발 가능성도 높인다는 연구 결과도 있다.

6) 북극곰과 펭귄의 멸종

빙하가 사라지면 북극곰과 펭귄들에게는 거주지가 사라져 빙하와 같이 사라지기 쉬워 멸종될 위험에 놓이게 된다.

폭염

폭염(暴炎)이란 평년보다 기온이 매우 높아 더위가 심해서 일상생활에 지장을 줄 정도가 되는 상태이다. 정도가 더 심하면 자연재해가 된다. 2003년 유럽에 닥친 폭염 때문에 많은 사망자가 나와 지구촌을 충격에 빠뜨렸다. 당시 섭씨 44도의 기록적인 폭염을 겪은 프랑스에서는 1만5천 명의 사망자가 발생했고, 유럽 전역에서 3만여 명이 사망했다. 2010년에 러시아에서는 5만6천 명이 2015년에 인도와 파키스탄에서는 수천 명이 폭염으로 사망한 것으로 알려졌다.

2021년 북아메리카 서부 폭염은 2021년 6월부터 태평양 북서부와 캐나다 서부 특히 미국의 네바다주 서부, 북부 캘리포니아, 오리건주, 워싱턴주, 아이다호주와 캐나다 브리티시컬럼비아주를 중심으로, 6월 말부터는 캐나다 앨버타주, 서스캐처원주, 유콘 준주, 노스웨스트 준주에서 지속되었다.

폭염의 원인은 북아메리카 서부 중심부에 자리잡은 기압 마루, 즉 고기압 열돔 때문에 발생했다. 열돔 때문에 캐나다는 2021년 6월 29일 49.6℃를 기록하는 등 역사상 최고 온도 기록을 경신하였고, 그 외에도 북아메리카 서부 지역에서 역사상 최고 온도 기록을 경신하였다, 체감온도는 60도까지 올라갔다. 벽돌로 지은 집과 아파트들은 도시 곳곳에서 오븐처럼 데워져 자연발화가 일어났다. 캘리포니아에서는 산불까지 발생하였다.

같은 시기인 6월 23일 모스크바는 34.8℃를 기록, 북극과 가까운 상트페테르부르크는 35℃ 이상의 역대급 고온을 기록했다. 또한 7월

1일에는 이라크 바그다드에서 50℃, 이라크 남동부 바스라에서 52℃를 기록했다.

이 폭염으로 인해 캐나다 브리티시 컬럼비아주에서만 사망자가 최소 486명, 미국 오리건주에서는 사망자가 최소 63명, 워싱턴주에서는 최소 13명이 사망한 것으로 집계되었다.

폭염 희생자라고 하면 뜨거운 고온이나 직사광선에 노출되어 열사병, 일사병 때문에 죽은 사람만 떠올리기 쉽다. 그러나 폭염은 뇌졸중, 심혈관질환 등을 악화시켜 사망자를 늘린다. 또한, 폭염 때문에 전기 공급, 교통, 의료, 구호 시스템이 마비되면서 예기치 않는 사고를 당하거나 질병이 악화하여 사망하는 때도 많다. 폭염뿐 아니라 각종 기후 재난은 수많은 사람을 죽음으로 몰아넣을 수 있다.

한국도 2020년 8월 평균 한낮 기온이 30도를 넘는 국토 면적이 최근 9년 사이 2배 이상 커지고, 무더위가 도래하는 시점도 앞당겨졌다는 분석이 나왔다. 한국 인구의 절반 이상이 고온 지역에 살고 있는 것으로 나타났다. 이로 인해 온열질환에 대한 우려도 커졌다. 국민건강보험공단 자료에 따르면 30도 이상 고온 지역이 전 국토의 4%였던 2014년의 온열질환자는 1만8004명이었으나, 고온 면적이 46%로 늘어난 2018년에는 4만4094명으로 2.5배 가까이 증가했다.

태풍

태풍은 바람, 폭풍, 해일, 호우를 몰고 오는 강력한 열대저기압을 말한다. 뜨거운 여름 적도 근처의 바다가 뜨거운 태양 빛을 받게 되면 그 지역에 강한 상승 기류가 생기고 그 지역의 공기가 위로 올라가서 공기가 적어져 강한 저기압이 생긴다. 이때 저기압은 상승 기류를 만들고 상승한 공기는 상층으로 올라가 팽창하게 된다. 그러면서 온도가 낮아져 수증기가 응결되어 구름이 만들어지고 날씨 또한 흐려지게 만든다. 이러한 저기압이 열대 지방에서 생길 경우 열대 저기압이 되는데, 이것이 태풍으로 발전하게 된다.

점점 태풍이 잦아지며 강해지는 이유는 지구 온난화 때문이다. 일반적으로 태풍이 생기려면 26~27℃ 이상의 수온과 고온 다습한 공기가 필요한데 온난화로 인하여 지구의 해수면의 온도가 0.8도 상승하여 북태평양 바닷물의 온도가 29도에 육박할 정도로 높아지고, 고온의 바닷물에서 나오는 수증기를 에너지원으로 삼는 태풍이 더욱 자주 발생하게 되기 때문이다.

중국은 2019년 8월 13일 9호 태풍 '레끼마'의 영향으로 태풍 영향권에 가장 가까운 다롄(大連) 일부 지역에는 엄청난 바람과 300㎜가 넘는 폭우가 내렸다. 이로 인하여 중국 9개 성에서 49명이 숨지고, 21명이 실종됐으며, 이재민 897만명이 발생한 것으로 집계됐다. 그리고 가옥 5천300채가 붕괴했으며, 4만2천 가구가 수해 피해를 보았다. 농경지도 53만1천㏊가 물에 잠기는 재산피해도 입었다.

바로 이어 2019년 9월 8일 제13호 태풍 '링링'이 중국 전역을 강타했다. 링링은 역대 5위급 수준으로 강풍을 동반한 폭우를 쏟아냈다. 링링으로 인한 피해는 45만5000명이 피해를 입었다, 특히 지린성, 헤이룽장성, 저장성에서 2800여명의 주민이 집을 버리고 대피하는 고통을 겪었으며, 총 44채 가옥이 무너졌고 460여 채가 파손됐다. 농경지 21만5800㏊가 피해를 입었다. 피해 규모로 환산하면 9억3000만위안(약 1558억 원)에 이르는 것으로 추산됐다.

폭우

폭우는 짧은 시간동안 좁은 지역에서 줄기차게 내리는 큰 비를 말하며, 집중호우라고 한다. 게릴라성 호우는 본래 일본 기상청에서 사용한 표현으로, 예측하기 어려운 짧은 시간에 많은 비를 뿌리고 사라지는 형태의 호우를 말한다.

폭우는 강한 상승기류의 적란운이 원인으로 발생하기도 한다. 적란운은 수증기가 많은 곳에서 발생한다. 그런데 수증기를 내포한 공기는 산악 지형에서 상승하는 일이 잦기 때문에 산악 지형에 가까운 곳에 위치한 도시에 집중호우가 발생하고 있다. 한국, 중국 등 아시아 대륙 동안에서는 주로 북태평양 기단과 열대성 저기압이 북상하는 6~9월에 집중호우의 위험이 높다. 드물지만 5월이나 10월에 내리는 경우도 있다.

2021년 29일 기상청에서 발표한 '2020년 이상기후 보고서'를 보면 2020년이 세계적으로 역대 '가장 따뜻한 해'로 기록됐고 국내 기온변동도 심했다. 6월에는 이른 폭염이 닥쳐 평균기온과 폭염일수 모두 역대 1위였다.

역대 최장 장마(중부 54일, 제주 49일)가 7월부터 8월 초순까지 이어졌고, 8~9월에는 4개의 태풍이 상륙해 수해를 키웠다. 10월에는 강수량·강수일수가 역대 하위 2위를 기록할 만큼 가물었다. 11월 중순에는 전국 일평균 기온이 상위 1위인 날이 사흘 동안 계속됐다.

기록적인 장마와 폭우로 한반도 전역에서 크고 작은 피해가 속출하고 있습니다. 긴 장마와 폭우로 인한 재산피해는 1조2585억 원에 달했고, 46명이 목숨을 잃었다. 이는 다른 해에 비해 3배가 넘는다. 그리고 산사태가 6175건(면적 1343㏊)이 발생해 1976년 이후 역대 3번째로 많았다. 침수·낙과 피해 면적은 12만3930㏊에 이르렀다. 7개 태풍이 상륙했던 2019년(7만4165㏊)보다 70% 더 넓었다.

전문가들은 기후위기의 영향으로 이번 장마와 폭우처럼 예측하기 어려운 기상 이변 현상이 빈번해질 것이라고 예상하였다.

기후위기와 전염병

전염병학, 차단방역 및 공중보건 전문가들의 견해에 따르면, 기후변화로 인해 산불, 가뭄, 수몰 등 극단적인 기상 현상이 빈번하게 발생할 수 있으며, 서식지를 잃은 야생동물이 사람이 거주하는 지역이나 목축지로 이동하게 되어 사람들이 바이러스에 감염될 가능성이 더 높아졌다고 한다.

실제로 뇌염의 신종 바이러스인 니파 바이러스(Nipah virus)는 1998~1999년 말레이시아에서 발생하여 100여 명의 사망자를 냈다. 말레이시아 병리 학회 간행물에 소개된 연구 결과는 니파 바이러스의 숙주로 알려진 과일박쥐가 산불과 엘니뇨로 인한 가뭄으로 서식지에서 쫓겨나게 되자, 먹이를 찾으러 사람이 사는 곳으로 내려와

양돈 농장에 드나들면서 돼지가 박쥐의 바이러스에 감염되었고 이후 사람들에게까지 전파되었다.

스위스 온라인 학술지 출판연구소(MSOI: Multidisciplinary Digital Publishing Institute)에서 발행하는 온라인 수의학 저널(Veterinary Science)을 보면 지난 80년간 유행한 전염병들을 분석한 결과 대부분이 인수공통감염병(동물과 사람이 함께 감염되는 병)에 해당하며 그 중 약 70%는 야생동물에 의한 것이었다. 예를 들어 80년대에 유행한 에이즈 바이러스는 유인원이 2004~2007년에 발생한 조류인플루엔자는 새가 2009년에 발생한 신종플루는 돼지에 의해 사람에게 전염되어 세계를 감염에 대한 공포에 떨게 하였던 것이다.

뎅기열은 주로 열대 지방과 아열대 지방에 서식하는 뎅기 모기가 낮 동안에 바이러스를 가진 사람을 물었다가 다시 다른 사람을 물어 바이러스를 전파하여 발생한다. 뎅기열의 증상은 3~14일의 잠복기를 거친 후 발열, 발진, 두통, 근육통, 관절통, 식욕 부진 등이 나타

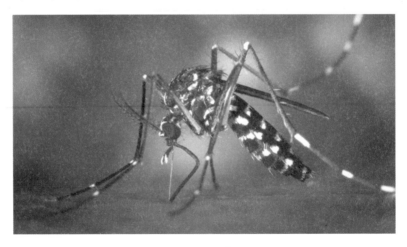

난다. 전 세계 뎅기열이 창궐하는 지역에 거주하는 인구가 40억 명에 이른다. 뎅기 모기는 원래 더운 지역에서만 사는데 지구온난화로 인해 더운 지역 지역이 증가하여 모기의 서식지가 확대되면서 바이러스도 전 세계로 확산되었다.

2020년부터 본격적으로 시작된 코로나19의 팬데믹 상황도 결국은 인류의 자연 파괴와 이로 인해 발생한 기후변화와 밀접한 관련이 있다. 실제로 21세기에 들어서 잦아지고 있는 신종 바이러스의 출현은 인간의 무차별적 환경 파괴로 동물 서식지가 감소하고 이에 바이러스를 보유한 동물이 인간과 자주 접촉한 결과 때문이라는 지적이 높은데, 이에 따라 코로나19 이후 환경과 공존하는 인류의 삶에 대한 관심이 더욱 높아지고 있다.

미국 생태주의 철학자 존 B 캅 주니어는 저서 '지구를 구하는 열

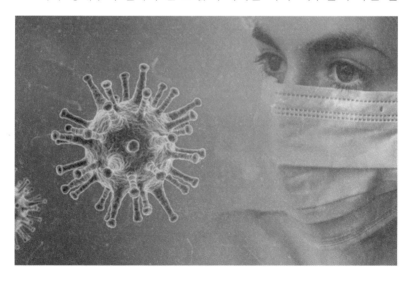

가지 생각'에서 "오직 생태문명이 팬데믹과 기후위기를 막을 수 있다"고 하였다. 그는 인간 경제는 자연 경제의 일부이며 따라서 인간 경제 역시 제한돼야 한다는 게 그의 주장이다. 그리고 "코로나19 이후 인류는 지속가능한 문명을 위해 생태문명으로의 전환을 요구받고 있다"고 말해서 생태문명으로의 전환이 시급하는 주장을 하였다.

그는 "새로운 생태문명에서 국가는 환경을 보호하려는 공동체들을 존중하고 그들에게 권한을 부여할 것이며 그들의 활동에 의하여 우리 앞에 높인 위기를 극복할 수 있을 것이다."라고 대책을 내놓았다.

에너지 이슈가 뜨겁다

에너지는 그리스어의 "일"을 뜻하는 에르곤(ergon)에 "속에"라는 접두사 엔(en)이 붙은 말로서, 속에 감춰진 일, 즉 "물체가 지니고 있는 일을 할 수 있는 능력"을 말한다. 에너지는 서로 다른 형태의 에너지로 전환되거나, 일로 바뀔 수 있다. 에너지의 크기는 물체에 한 일의 양으로 측정한다.

에너지의 종류로는 크게 화석 에너지와 신재생에너지로 나눈다. 화석 에너지는 석탄, 석유, 천연가스 등 화석에 의해서 에너지를 만드는 것을 말한다. 신재생 에너지는 신에너지와 재생 에너지를 합쳐 부르는 말이다. 신재생 에너지는 기존의 화석연료를 변환시켜 이용하거나 햇빛, 물, 강수, 생물유기체 등을 포함하여 재생이 가능한 에너지로 변환시켜 이용하는 에너지를 말한다. 재생 에너지에는 태양광, 태양열, 바이오, 풍력, 수력 등이 있고, 신에너지에는 연료전지, 수소 에너지 등이 있다.

인구가 증가하고 산업이 발달하면서 화석 연료에 대한 수요가 폭발적으로 늘고 있어 자원의 고갈과 함께 국제 가격이 상승하는 등의 문제가 나타나고 있다. 더불어 화석 연료의 과다한 사용은 지구 온난화를 일으키는 원인이 되어 많은 국가에게는 피해를 주게 됨에 따라 대부분의 국가들은 화석 연료의 사용을 줄이려는 노력을 하고 있다. 화석 연료를 대체하기 위해서 세계는 신재생 에너지의 개발과 활용에 박차를 가하고 있다. 이러한 노력으로 많은 부분에서 화석 에너지를 대신해서 신재생에너지의 사용이 증가하고 있다.

현재까지는 신재생 에너지는 초기투자 비용이 많이 든다는 단점이 있지만, 화석에너지의 고갈문제와 환경문제가 심각해지면서 신재생에너지에 대한 개발과 활용은 선택은 선택이 아니라 필수가 되었다.

지금까지 개발된 신에너지와 재생 에너지의 특징과 장단점을 알아보면 다음과 같다.

신에너지

신에너지는 기존에 쓰이던 석유, 석탄, 원자력, 천연 가스가 아닌 새로운 에너지로 수소 에너지, 연료 전지, 석탄을 액화 가스화한 에너지를 말한다. 1970년대에는 석탄, 석유 등 화석 연료를 대체한다는 의미에서 사용되었으나 1980년대 이후 천연가스, 원자력 등의 사용이 증가되고, 환경오염의 문제가 심각해짐에 따라 최근에는 청정에너지(Clean Energy)로서의 에너지를 말한다.

1) 연료전지 에너지

연료전지는 수소, 메탄 및 메탄올 등의 연료를 산화(酸化)시켜서 생기는 화학에너지를 직접 전기에너지로 변환시키는 기술이다. 즉, 수소와 산소가 화학 반응을 통해 결합하면서 물이 만들어지고 이 과정에서 전기와 열이 생성된다. 보통의 전지는 전지 내에 미리 채워놓은 화학물질에서 나오는 화학 에너지를 전기 에너지로 전환하지만 연료전지는 지속적으로 연료와 산소의 공급을 받아서 화학반응을 통해 지속적으로 전기를 공급한다.

연료전지 에너지의 장점은 기존의 발전 방식과 달리 연료의 연소가 없으며, 수소, 산소의 전기 화학 반응으로 전기를 발생하기 때문에 환경오염이 거의 없고, 전기를 생산하는 과정에서 발생하는 열도 이용할 수 있기 때문에 효율이 높으며, 연료전지에 비해 출력이 크고, 저온에서 작동이 되며 구조도 간단하며, 설치가 쉬워서 환경에 따른 제약도 적으며 내구성이 좋다.

연료전지 에너지의 단점은 연료 전지에 들어가는 재료는 화석 연료에 비교하여 비싸기 때문에 비용이 많이 들며, 계속 충전해야 한다.

수소 이외에도 메탄올이나 천연가스를 연료로 사용할 수 있어 자동차의 동력원으로서 적합하다. 현재 수소연료전지를 이용한 수소차가 시중에 판매가 되고 있다.

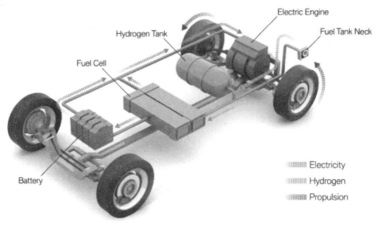

수소 연료전지 자동차

2) 수소 에너지

수소 에너지는 수소를 기체 상태에서 연소 시 발생하는 폭발력을 이용하여 기계적 운동에너지로 변환하여 활용하거나 수소를 다시 분해하여 에너지원으로 활용하는 기술이다. 수소 에너지는 물, 유기물, 화석 연료 등의 화합물 형태로 존재하는 수소를 분리한 후 연소시켜 얻는 청정에너지다.

수소는 화석 연료보다 풍부하게 존재하는 물을 분해하여 얻을 수 있기 때문에 수소에너지의 원료가 되는 물은 지구상에 풍부하게 존재하며, 연소 시에 극소량의 질수와 물만 생성되고, 공해물질은 발생되지 않는다.

수소 에너지의 장점은 수소는 거의 무한대로 존재하는 물을 분해하여 얻을 수 있기 때문에 이용 가능량이 많고, 연소시켜도 산소와 결합하여 다시 물이 되므로 친환경적인 에너지다.

수소 에너지의 단점은 수소를 얻거나 저장하는 기술에 비용이 많이 들어가므로 기술 발달이 필요하다.

현재 자동차에 사용되는 연료는 가솔린, 경유 등 화석 연료로 자원 고갈과 환경오염을 일으키고 있기 때문에 기존의 자동차를 대체할 수 있는 무공해 수소 자동차를 생산하고 판매되고 있다. 수소를 연료로 사용하는 수소 자동차는 가솔린을 사용하는 것보다 열효율이 우수하며, 대기 오염이 없는 청정에너지다. 수소 자동차는 기존의 연료 탱크를 수소 저장 탱크로 바꾸어 주어야 하므로 수소를 저장하는 기술이 필요하다.

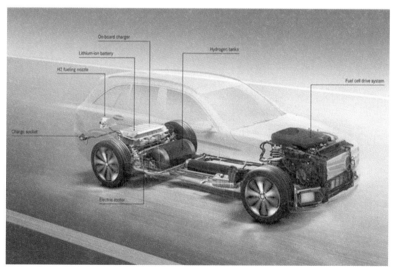

수소 자동차

3) 석탄 액화·가스화 에너지

석탄 액화·가스화 에너지는 석탄과 같은 고체 저급 연료를 가스화(기화)시켜 가스 터빈 및 증기 터빈 등을 통해 발전하거나 액화시켜 휘발유 및 디젤유 등의 고급 액체 연료로 전환해 이용하는 에너지이다. 석탄 액화 기술은 석유를 대체할 수 있는 액체 연료를 만들고, 석탄 가스화는 석탄으로부터 도시 가스에 사용할 수 있는 기체 연료를 만드는 기술이다. 이는 발전 효율이 높고, 석탄에서 대기 오염의 원인이 되는 황 성분을 제거하기 때문에 환경 친화적 기술이다. 그러나 이러한 과정들을 처리하기 위해서는 복잡하고 큰 장치가 필요하고 비용이 많이 들어가게 된다. 그래서 기술 발전을 통해 개량화가 필요하다.

재생 에너지

재생에너지는 재생가능에너지를 줄여서 부르는 말로 화석연료나 우라늄과 달리 고갈되지 않기 때문에 지속적으로 이용할 수 있는 에너지를 말한다. 태양 에너지, 풍력, 수력, 바이오 에너지, 지열, 조력, 파력 등 다양한 종류가 있다. 땅속 마그마와 방사능에 의해 생기는 지열과 달의 중력에 의해서 발생하는 조력을 제외하면 태양 에너지를 이용하는 것이다. 바람, 물의 흐름, 생물체 등은 태양 에너지의 변형이나 축적으로 생겨나기 때문이다. 기후변화와 에너지고갈의 위기로 1990년대 이래 크게 주목받고 있다.

재생 에너지의 이용은 아주 오래되었다. 나무 등을 태워서 난방을 하거나 요리를 하는 일은 인류 역사와 거의 함께 시작되었기 때문이다. 수차와 풍차의 개발은 재생에너지를 다양하게 이용할 수 있는 길을 열어주었다. 19세기 초 유럽에서 석탄을 본격적으로 사용하기 전까지 재생에너지는 인류에게 필요한 대부분의 에너지를 공급했다. 그러나 석탄, 석유, 천연가스, 원자력이 대부분의 에너지를 공급하게 된 20세기에 와서는 수력발전 이외의 재생에너지는 관심 밖으로 밀려났지만, 20세기 말부터 다시 부상하기 시작했다.

1) 태양광 에너지

태양광 에너지는 태양광발전시스템(태양전지, 모듈, 축전지 및 전력변환장치로 구성)을 이용하여 태양광을 직접 전기에너지로 변환시키는 기술이다.

태양광 에너지 장점은 빛을 통한 에너지가 무한정이며, 발전량을 필요한 장소에 가능하며, 관리 및 유지보수가 쉬우며, 무인화 가능하여 인건비가 들지 않으며, 한번 설치하면 20년 이상 긴 수명을 가지고 있다.

태양광 에너지 단점은 시공 시 비용이 높기 때문에 발전단가가 높으며, 넓은

설치면적이 필요하며, 설치할 수 있는 장소는 태양광이 많이 비추는 곳에만 가능하며, 전력 생산량이 지역별 일사량에 다르다.

2) 태양열 에너지

태양열 에너지는 태양으로부터 방사되어 지구상에 도달하는 열을 이용하는 에너지를 말한다. 열을 한 곳에 모아 얻은 고열(高熱)을 직접 난방에 이용하거나, 열교환기를 이용해 물을 끓여 발생시킨 고압수증기를 터빈을 돌리는 힘으로 이용하여 전기를 생산하는 태양열 발전 등에 활용한다. 태양열을 이용해 가정에서는 온수, 난방, 냉방에 이용할 수 있으며, 공장이나 발전소를 움직이는 산업에너지로도 사용된다.

태양열 에너지의 장점은 태양이 열을 방사하는 한 무한한 에너지원이며, 온실가스 배출 없는 무공해 에너지이고, 기존의 화석연료에 비해 생산 가능한 지역적 편중이 적고, 다양한 적용 및 이용이 가능하다는 점 등을 들 수 있다.

태양열 에너지의 단점은 초기설치 비용이 많이 들고, 비용 대비 에너지효율이 떨어진다는 점이다.

3) 풍력 에너지

풍력 에너지는 자연적인 바람이 가지는 운동에너지를 회전에너지로 변환하고, 최종적으로 전기를 생산하는 데 이용되는 에너지이다.

바람은 태양에 의해 지면의 불균등한 가열, 지구 표면의 불규칙함, 지구의 자전 등에 의해 발생하므로, 풍력은 태양에너지의 한 형태이며 발전시스템을 이용하여 전기를 생산할 수 있다. 풍력으로부터 얻는 에너지의 양은 회전 날개 직경과 바람의 속도에 의해 결정되며, 날개의 직경이 커질수록, 풍속이 높을수록 많은 양의 전기 생산이 가능하다.

풍력 에너지의 장점은 무제한적으로 사용이 가능하며, 공해 물질을 배출하지 않는 청정에너지이며, 다른 신재생에너지에 비해 발전 단가가 비교적 낮아 상용화가 용이하며, 풍차와 같은 설비를 이용하여 관광 자원화도 가능하다.

풍력 에너지의 단점은 에너지 밀도가 낮아 바람이 희박할 경우 발전이 힘들며, 추가적으로 에너지 저장할 수 있는 장치가 필요하며,

풍력 발전 설비는 초기 투자비용이 크고 레이더 전파의 교란을 일으킬 수 있으며 소음이 발생한다는 단점이 있다.

4) 바이오 에너지

태양광을 이용하여 광합성되는 유기물(주로 식물체) 및 동, 유기물을 소비하여 생성되는 모든 생물 유기체(바이오매스)를 연료로 하여 얻어지는 에너지로 직접연소·메테인발효·알코올발효 등을 통해 얻어진다. 에너지 이용의 대상이 되는 생물체를 총칭하여 일반적으로 바이오매스라고 한다. 바이오매스는 생태학 용어로서 생물량 또는 생체량이라고도 한다. 원래 살아 있는 동물·식물·미생물의 유기물량을 의미하지만, 산업계에서는 유기계 폐기물도 바이오매스에 포함한다.

바이오 에너지의 장점은 석유나 석탄 등 화석연료를 활용하는 것에 비해 공해물질을 현저하게 적게 배출되며 사용 시 없어지는 것이 아니라 재생성을 가지고 있어 원료 고갈 문제가 없으며 다른 신재생에너지는 저장이 어려우나 바이오 에너지는 열과 전기뿐 아니라 난방 또는 수송용 연료의 형태로 생산이 가능하여 에너지 활용도가 높다.

바이오 에너지의 단점은 주요 원료를 옥수수를 사용하기 때문에 굶주리고 있는 인구가 먹을 수 있는 식량을 소비한다는 비난이 있으며, 바이오 에너지의 원료 확보를 위해 넓은 면적의 토지가 필요하고, 자원 량의 지역적 차이가 크다는 점이다. 미국은 2015년부터 옥수수를 활용하는 것을 동결하고, 먹지 않는 식물을 원료로 기술 개발을 진행하고 있다.

브라질·캐나다·미국 등에서는 알코올을 이용한 바이오에너지 공급량이 이미 원자력에 맞먹는 수준에 도달해 있다. 인도네시아·일본도 상당한 수준의 바이오 에너지 기술을 갖고 있다. 한국에서는 대체에너지 기술 개발 사업으로 바이오에너지에 대한 연구가 진행되며 보급이 많이 늘어날 것으로 전망된다.

5) 폐기물 에너지

폐기물 에너지는 사업장 또는 가정에서 발생되는 가연성 폐기물 중 에너지 함량이 높은 폐기물을 열분해에 의해 생기는 에너지 제조 기술을 말한다. 생활폐기물, 산업폐기물 중 에너지 함량이 높은 가연성 폐기물을 가스화, 소각, 열분해 등의 변환 과정을 거쳐 고체, 액체 및 가스 연료, 폐열 등으로 생산한다.

폐기물 에너지의 장점은 각종 폐기물을 감량하고 재활용함으로써 폐기물 처리 문제가 감소하며, 화석 연료를 대체하는 에너지로서 이산화탄소 감축 효과를 볼 수 있으며, 고체, 액체, 가스 등 다양한 형태의 에너지원으로 변형이 가능하므로 활용가치가 높고, 에너지 이용 과정 중 열이 사용되므로 지역에 난방열 공급이 가능하여 경제적인 효과가 높다.

폐기물 에너지의 단점은 폐기물을 주된 연료로 사용하기 때문에 위생 시설 및 다양한 처리 기술이 요구되어 초기 투자 비용이 높으며, 폐기물 소각 시에 배출되는 환경 오염 물질과 생산 및 보관 시에 발생하는 악취와 오염 물질로 인해 설치에 어려움을 겪는다.

폐기물 에너지 생산량이 가장 많은 국가인 미국은 고형폐기물의 소각열을 이용한 에너지 생산량이 활성화 되어 있으며, 유럽의 경우 소각 시설의 폐열로 증기를 생산하는 다양한 원천 기술을 보유하고 있다. 국가 간 고형연료의 거래도 활발하기 때문에 일본은 생활폐기물 고형연료화 시설을 약 70개 가동하고 있으며, 90% 이상의 생활폐기물을 소각 시설에서 처리하고 있다. 한국은 폐기물에너지가 신·재생에너지 생산량의 60%를 차지하며, 태양광이나 풍력 등 다른 에너지원에 비해 높은 비중을 차지하고 있다.

6) 지열 에너지

지표면으로 부터 지하로 수m에서 수㎞ 깊이에 존재하는 뜨거운 물(온천)과 돌(마그마)을 포함하여 땅이 가지고 있는 에너지를 이용하는 기술을 말한다. 지열은 지구가 생성될 때 있던 열로 아직 방열되지

않은 상태거나 우라늄이나 토륨 같은 방사선 원소의 붕괴에 의하여
생기는 것이다.

지열 에너지의 장점은 지열에너지는 일단 지구 자체가 가지고 있
는 에너지기 때문에 영구적으로 생산이 가능하며, 깨끗하고 발전비
용도 비교적 저렴하며 날씨에 영향을 받지도 않고 폐기물도 나오지
않는 청정에너지다.

지열 에너지의 단점은 땅의 침전의 가능성이 있기 때문에 지중 상
황 파악이 어려우며, 지열 발전이 가능한 지역이 한정된다.

7) 수력 에너지

개천, 강이나 호수 등의 물의 흐름으로 얻은 운동에너지를 전기에
너지로 변환하여 에너지를 생산하는 기술을 말한다. 현재 가장 보편

적으로 사용하는 재생에너지가 바로 수력에너지이며, 점점 수력에너지에 대한 의존도가 높아지고 있다.

수력 에너지의 장점은 수력발전소는 한번 건설되면 폐기될 때까지 에너지를 얻을 수 있으며, 에너지 생산 비용이 거의 들지 않고 발전 생산원가가 매우 저렴하다.

수력 에너지의 단점은 댐 건설에 들어가는 초기 비용이 많이 들며, 지형, 수량, 낙차 등에 의해서 생산되는 에너지의 양이 달라지며, 댐 건설시 상당부분의 지형을 침수시켜야 하기에 생태계나 마을 자체를 손상시킬 수 있으며 강수량이 적으면 발전에 차질이 생길 수 있다.

8) 해양 에너지

해수면의 상승하강운동을 이용한 조력발전과 해안으로 입사하는 파랑 에너지를 회전력으로 변환해서 에너지를 얻는 기술이다. 해양 에너지는 파도를 이용하는 파력 에너지, 밀물과 썰물을 이용하는 조력 에너지, 좁은 해협의 조류를 이용한 조류 에너지가 있고, 해양 온도차에 의해서도 전기를 얻을 수 있다.

해양 에너지의 장점은 연료가 전혀 들지 않아 발전 단가가 싸며, 날씨나 계절의 영향을 받지 않고 지속적으로 에너지를 생산할 수 있으며, 해양 생태계에 거의 영향을 주지 않으며, 공해 물질이 전혀 나오지 않으므로 청정 에너지다.

해양 에너지의 단점은 파도가 센 곳만 가능하기 때문에 장소가 제약이 있으며, 복잡한 해양 환경에 설치하는 것은 어려우며 비용이 많이 들며, 파도에 부딪혀 파손될 수 있다.

해양 에너지는 지금까지 경제성이 없어 대규모로 설치하는 나라들이 거의 없으나 앞으로 석유가 점점 고갈되어 값이 비싸지면 조력 발전도 경쟁력이 생길 것이다.

부록

생태문명지도사 양성과정(8시간 과정)

⚙ 교육 전형 일정
- 교육 기간 : 20 년 월 일(토) 월 일(일) 오전 09:00 오후 18:00(총 8시간)
- 교육 장소 :
- 모집 인원 : 00명
- 수강료 : 000원(강의 교재, 자격증 발급비 포함)

⚙ 배경
- 기후이상으로 인한 인류 문명의 위기
- 지구 온난화로 인한 피해의 증가
- 환경오염의 증가로 인한 환경보호의 필요성 증가
- 환경보호의 새로운 패러다임의 필요성 증가
- ESG의 등장
- 지속가능한 발전 모델 탐색
- 생태문명을 위한 국제적인 움직임

⚙ 학습목표
- 생태문명을 지도할 수 있다.
- 환경보호 프로그램을 기획할 수 있다.
- 생태문명 프로그램을 개발할 수 있다.
- 환경보호 활동에 참여할 수 있다.
- 생태문명의 효과를 높일 수 있다.
- 생태문명지도사가 될 수 있다.

⚙ 모집 대상
- 환경보호에 관심있는 자
- 생태문명에 관심있는 자
- 생태문명지도사가 되고 싶은 자
- 생태문명지도사로 강의를 하고 싶은 자

차시	시간	강의 제목	강사
1	09:00 ~10:00	생태문명의 정의와 배경	
2	10:00 ~11:00	ESG의 정의와 정책	
3	11:00 ~12:00	ESG 동향과 정책	
4	13:00 ~14:00	ESG 사례	
5	14:00 ~15:00	환경보호를 위한 세계적 대응	
6	15:00 ~16:00	지속가능한 발전의 의미와 내용	
7	16:00 ~17:00	그린 뉴딜, 탄소 중립, 탄소세 부과, 온실 가스	
8	17:00 ~18:00	생태문명지도사의 역할과 활동 방법	

생태문명지도사 특별과정(16시간 과정)

◎ 교육 기간 : 20 년 월 일(토) 월 일(일) 오전 09:00 오후 18:00(총 16시간)
- 교육 장소 :
- 모집 인원 : 00명
- 수강료 : 000원(강의 교재, 자격증 발급비 포함)

◎ 배경
- 기후이상으로 인한 인류 문명의 위기
- 지구 온난화로 인한 피해의 증가
- 환경오염의 증가로 인한 환경보호의 필요성 증가
- 환경보호의 새로운 패러다임의 필요성 증가
- ESG의 등장
- 지속가능한 발전 모델 탐색
- 생태문명을 위한 국제적인 움직임

◎ 학습복표
- 생태문명을 지도할 수 있다.

- 환경보호 프로그램을 기획할 수 있다.
- 생태문명 프로그램을 개발할 수 있다.
- 환경보호 활동에 참여할 수 있다.
- 생태문명의 효과를 높일 수 있다.
- 생태문명지도사가 될 수 있다.

◉ 모집 대상
- 환경보호에 관심있는 자
- 생태문명에 관심있는 자
- 생태문명지도사가 되고 싶은 자
- 생태문명지도사로 강의를 하고 싶은 자

◉ 교육일정

구분	시간	강의 제목	강사
1일차	09:00 ~10:00	생태문명의 정의와 배경	
	10:00 ~11:00	생태문명 건설순서, 생태문명의 전망	
	11:00 ~12:00	ESG의 정의와 역사	
	13:00 ~14:00	ESG의 한국형 평가 모델	
	14:00 ~15:00	ESG 동향과 정책	
	15:00 ~16:00	ESG 사례	
	16:00 ~17:00	그린 선언, 그린 대전환	
	17:00 ~18:00	환경보호를 위한 세계적 대응	
2일차	09:00 ~10:00	지속가능한 발전의 의미와 내용	
	10:00 ~11:00	지속가능한 발전의 역사와 특징	
	11:00 ~12:00	지속가능한 발전의 내용	
	13:00 ~14:00	지구온난화의 원인과 해결책	
	14:00 ~15:00	그린 뉴딜, 그린 딜	
	15:00 ~16:00	탄소 중립과 탄소세 부과	
	16:00 ~17:00	기후 위기와 에너지 이슈	
	17:00 ~18:00	생태문명지도사의 역할과 활동 방법	

생태문명지도사 전문과정(45시간 과정)

I. 사업 개요

◎ 사업명 : 생태문명지도사 전문과정
- 교육 기간 : 20 년 월 일(토) 월 일(일) 오전 09:00 오후 13:00(총 15회 45시간)
- 교육 장소 :
- 모집 인원 : 00명
- 수강료 : 000원(강의 교재, 자격증 발급비 포함)

2. 사업 목적

◎ 배 경
- 기후이상으로 인한 인류 문명의 위기
- 지구 온난화로 인한 피해의 증가
- 환경오염의 증가로 인한 환경보호의 필요성 증가
- 환경보호의 새로운 패러다임의 필요성 증가
- ESG의 등장
- 지속가능한 발전 모델 탐색
- 생태문명을 위한 국제적인 움직임

◎ 학습목표
- 생태문명을 지도할 수 있다.
- 환경보호 프로그램을 기획할 수 있다.
- 생태문명 프로그램을 개발할 수 있다.
- 환경보호 활동에 참여할 수 있다.
- 생태문명의 효과를 높일 수 있다.
- 생태문명지도사가 될 수 있다.

◎ 모집 대상
- 환경보호에 관심있는 자
- 생태문명에 관심있는 자
- 생태문명지도사가 되고 싶은 자
- 생태문명지도사로 강의를 하고 싶은 자

⚙ 교육일정

회차	일정		강의 제목	강사
1	월	일	오리엔테이션/ 생태문명의 정의와 배경	
2	월	일	생태문명 건설순서, 생태문명의 전망	
3	월	일	ESG의 정의와 역사	
4	월	일	ESG의 한국형 평가 모델	
5	월	일	ESG 동향과 정책	
6	월	일	ESG 사례	
7	월	일	그린 선언, 그린 대전환	
8	월	일	환경보호를 위한 세계적 대응	
9	월	일	지속가능한 발전의 의미와 내용	
10	월	일	지속가능한 발전의 역사와 특징	
11	월	일	지속가능한 발전의 내용	
12	월	일	지구온난화의 원인과 해결책	
13	월	일	그린 뉴딜, 그린 딜	
14	월	일	탄소 중립과 탄소세 부과	
15	월	일	생태문명지도사의 역할과 활동 방법/ 정리	

붙임

1. 생태문명지도사 과정의 저작물은 법적으로 보호를 받습니다.
2. 무단으로 전재·복사·배포하는 행위를 금하며 이를 어길 시 저작권법에 의해 처벌 대상이 됩니다.
3. 인증번호(등부 2021년 제1112호)

참고문헌

- 강병호(2013). 캐나다, 기업내 여성권익 향상을 위한 SRI 펀드 출시. CGS Report, 3(10), 23.
- 고창택(2004). 지속가능성의 윤리와 생태체계의 가치. 철학연구, 89, 1-22.
- 국가환경정보센터(2012). 환경산업 현황과 통계 인프라 개선 방안. GGGP 76.
- 국가환경정보센터(2013). 그린워싱(Greenwashing) 현황과 향후 대응 방향. GGGP 106.
- 김기성(2010). 독일의 지속가능발전 전략과 환경정책통합. 사회과학논집, 41(2), 61-81.
- 김남두(1995). 환경문제의 성격과 지속가능한 발전. 이정전(편), 사회과학연구협의회 연구총서[1]. 지속가능한 사회와 환경. 서울: 박영사.
- 김선민(2015). 유럽과 국내 상장기업의 여성임원 현황. CGS Report, 5(13). 15-18.
- 김선민(2016). UN의 지속가능발전목표(SDGs)와 ESG 이슈. CGS Report, 6(2), 15-18.
- 김찬국(2017). 우리나라 지속가능발전교육 연구 동향과 연구 방향: 1994~2017년 환경교육 게재 논문을 중심으로. 환경교육 30(4), 353-377.
- 대한무역투자진흥공사(2020). 유럽그린딜 추진동향 및 시사점.
- 대한무역투자진흥공사(2021). 주요국 그린뉴딜 정책의 내용과 시사점.
- 미디치미디어(2021). ESG경영의 과거, 현재, 미래. 환경의 역전.
- 방문옥(2013). 통합보고(Integrated Reporting) 프레임워크 개발 동향. CGS Report, 3(9), 7-9.
- 산업연구원(2015). 정책과 이슈: 환경산업의 발전방향.
- 에너지경제연구원(2020). 세계 에너지시장 인사이트. 20(25).
- 은행연합회(2014). 금융의 창을 열다: 돈과 소비이야기. 금융웹진 729.
- 이연호(2010). 지속가능발전정책 거버넌스의 평가. 동서연구, 22(1), 7-45.
- 이영한(2014). 한국의 사회적 지속가능발전 진단 연구. 지속가능연구, 5(2), 1-12.
- 이혜주·최은희·이범준(2013). 지속가능사회문화의 개념 정립과 발전방향 제안. 지속가능연구, 4(1), 21-49.
- 제프 프롬·엔지리드(2018). 최강소비권력 Z세대가 온다. 임가영 역. 서울: 홍익출판사.
- 조창현·유평준(2015). 지속가능발전 추진동향과 정부의 대응방향: 향후 Post-2015 SDG의 맥락에서. 창조와 혁신, 8(3), 217-254.

• 지승현·남영숙(2007). 21세기 지식 기반 사회에서의 지속가능발전 교육 방향 탐색. 환경교육, 20(1), 62-72.
• 최용록(2010). 지속가능성 과학의 학제적 특성과 발전과제. 지속가능연구, 1(1), 1-13.
• 한국기업지배구조원(2020). ESG와 기업의 장기적 성장. ESG Focus, 1-15.
• 환경부(2020). 2021년도 녹색제품 구매지침.

• 大卫·雷·格里芬(1998). 后现代精神[M]. 王成兵译. 北京：中央编译出版社.
• 习近平(2017). 决胜全面建成小康社会 夺取新时代中国特色社会主义伟大胜利 -在中国共产党第十九次全国代表大会上的报告[M]. 北京：人民出版社.
• 徐嵩龄(1995). 环境伦理学进展：评论与阐释[M]. 北京：社会科学文献出版社.
• 勒内·笛卡尔. 方法论·情志论(2012). 郑文彬译. 南京：译林出版社.
• 杨通进(2010). 探寻重新理解自然的哲学框架[J]. 世界哲学.
• 彼得·辛格(2005). 一个世界：全球化伦理[M]. 应奇，杨立峰译. 北京：东方出版社.
• 康德(2009). 三大批判合集 （上）[M]. 邓晓芒译. 北京：人民出版社.
• 亚里士多德(2009). 政治学. 北京：商务印书馆.
• 德里克·希特(2007). 何谓公民身份[M]. 郭忠华译. 长春：吉林人民出版社.
• 曹孟勤(2012). 风. 中国环境哲学 20 年[M]. 南京：南京师范大学出版社.
• 徐梓淇(2013). 论生态公民及其培育[D]. 上海：复旦大学.
• 徐梓淇(2014). 生态公民[M]. 南京：江苏人民出版社.
• H·J·麦克洛斯基(2006). 尊重人的道德权利与善的最大化[A]. 曹海军. 权利与功利之间[C]. 南京：江苏人民出版社.
• 刘雪丰(2004). 论行政人员的道德责任[D]. 长沙：湖南师范大学.
• 罗尔斯(1998). 正义论[M]. 何怀宏，等译. 北京：中国社会科学出版社.
• 高兆明(2015). 道德文化：从传统到现代[M]. 北京：人民出版社.
• 布赖恩·巴克斯特(2007). 生态主义导论[M]. 曾建平译. 重庆：重庆出版社.
• 吴继霞(2001). "理性生态人"：人性假设理论的新发展[J]. 道德与文明.
• 王学俭(2011). 宫长瑞. 生态文明与公民意识[M]. 北京：人民出版社.
• 刘宏红(2017). 蔡君. 国内外生态素养研究进展及展望[J]. 北京林业大学学报(社会科学版).
• 杨通进(2010). 探寻重新理解自然的哲学框架[J]. 世界哲学.
• 汉斯·萨克塞杨通进(1991). 生态哲学[M]. 北京：东方出版社.
• 曾妮(2015). 班建武. 生态公民的内涵及其培育[J]. 教育学报.
• 杨通进(2006). 论正义的环境：兼论代际正义的环境[J]. 哲学研究.

• 刘霞(2016). 生态文明视野下的城市区域空间组织研究—以长三角为例[M]. 北京：中国农业出版社.
• 曲格平(2007). 曲格平文集第 6 卷[M]. 北京：中国环境科学出版社.

• Andrew Dobson(2007). Ecological Citizenship: A Disruptive Influence?. In: C.Pierson and S.Tomey. Politics at the Edge. London: Macmillan.
• Bebchuk, L.A(1999). A rent-protection theory of corporate ownership and control. Working Paper, Harvard Law School.
• BOX SYN-1(2011). SUSTAINED WARMING COULD LEAD TO SEVERE IMPACTS in: Synopsis, in National Research Council.
• Break Free From Plastic(2020). BRANDED Vol III: Demanding Corporate Accountability for Plastic Pollution.
• Christopher S. W. et al.(2015). Unabated global mean sea-level rise over the satellite altimeter era. Nature Climate Change, 5, 565-568.
• Climate Change(2013). The Physical Science Basis. Working Group I500pxl Contribution to the IPCC 5th Assessment Report.
• European Women's Lobby, 「The European Commision's Directive on Women on Boards」, 2013.8.2.
• Faccio, M., Lang, L.H.P(2002). The ultimate ownership of Western European corporations. Journal of Financial Economics. 65, 365-395.
• GSIA, 「Global Sustainable Investment Review」, 2018.
• Jensen, M.C(2004). Agency costs of overvalued equity. ECGI Finance Working Paper, 39.
• Kosaka, Y., and S.-P. Xie(2013). Recent global-warming hiatus tied to equatorial Pacific surface cooling. Nature, 501, 403-407.
• KPMG, 「New obligations regarding non-financial reporting」, 2015.
• Lynn White(1967). The Historical Roots of Our Ecological Crisis. Science.
• Meehl, G. A., et al(2013). Externally forced and internally generated decadal climate variability associated with the interdecadal Pacific Oscillation. J. Climate, 26, 7298-7310.
• Ocean Acidification(2013). in: Ch. 2. Our Changing Climate in NCADAC. 69-70.
• Paris Agreement, 「United Nations Treaty Collection」. 2016.7.8
• Rodhe, A(1990). A comparison of the contribution of various gases to the

greenhouse effect. Science, 248, 1217-1219.

- Rosalyn M, Roger D(1993). Socio-political-culrural Foundations of Environmental Education. The Journal of Environmental Education.
- Stephanie Bodoni, 「EU Plan for 40 Percent Quota of Women on Boards Gets Win」, Bloomberg, 2013.11.20.
- UNDRR(2020). The Human Cost of Disasters: An overview of the last 20 years 2000-2019.
- Valencia Saiz(2005). Globalisation, Cosmopolitanism and Ecological Ccitizenship. Environmental Politics.
- Zeebe, R. E(2012). History of Seawater Carbonate Chemistry, Atmospheric CO_2 and Ocean Acidification. Annual Review of Earth and Planetary Sciences, 40, 141-165.

생태문명 우리의 미래, 지구의 생명

초판 발행 | 2021년 10월 10일
지은이 | 이창호

펴낸이 | 이창호
인쇄소 | 거호 피앤피
펴낸곳 | 도서출판 북그루

등록번호 | 제2018-000217
주소 | 서울시 마포구 토정로 253 2층(용강동)
도서문의 | 02) 353-9156 팩스 0504) 383-0091
이메일 | bookguru24@hanmail.net

값 14,800원
ISBN 979-11-90345-13-2(03450)

* 본 도서는 친환경 종이로 제작되었습니다.

Designed by Freepik